99招 让你成为 钣金工能手

钣金是一门综合性技术，理论和实践结合性强，其工艺流程的合理性和工人操作水平的高低直接影响着机械产品的制造质量。钣金技术的应用几乎遍布各个行业，在机械产品制造中，很多机械工件都是通过钣金技术完成的。钣金工是设备制造、机械加工及各种机器设备生产中不可缺少的专业工种，为了提高广大钣金工的综合素质和实际操作水平，特编写了钣金知识及操作技能，内容包括钣金理论及综合性技术、理论和形、装配、矫正质检等……

利机器设备生产计不可缺少的专业综合素质和实际操作水平，特编写产制造的全过程，系统地介绍了钣金包括识图展开、下料、加工成形、焊接、装配、矫正质检等，通俗易懂，逻辑性、实用性强。钣金技术的应用几乎遍布各个行业，在机械产品制造中，很多机械工。本书内容涵盖了钣金生产制造

黄鹤 总主编

江西教育出版社
JIANGXI EDUCATION PUBLISHING HOUSE

图书在版编目（CIP）数据

99招让你成为钣金工能手 / 黄鹤主编.——南昌：
江西教育出版社，2010.11
（农家书屋九九文库）
ISBN 978-7-5392-5918-5

Ⅰ.①9… Ⅱ.①黄… Ⅲ.①钣金工—基本知识
Ⅳ.①TG38

中国版本图书馆CIP数据核字（2010）第198637号

99招让你成为钣金工能手

**JIUSHIJIU ZHAO RANG NI CHENGWEI
BANJINGGONG NENGSHOU**

黄鹤　主编

江西教育出版社出版

（南昌市抚河北路291号　邮编：330008）

北京龙跃印务有限公司印刷

680毫米×960毫米　16开本　10.75印张　150千字

2016年1月1版2次印刷

ISBN 978-7-5392-5918-5　定价：29.80元

赣教版图书如有印装质量问题，可向我社产品制作部调换
电话：0791-6710427（江西教育出版社产品制作部）
赣版权登字-02-2010-204

前　言

qianyan

　　钣金是一门综合性技术，理论和实践结合性强，其工艺流程的合理性和工人操作水平的高低直接影响着机械产品的制造质量。钣金技术的应用几乎遍布各个行业，在机械产品制造中，很多机械工件都是通过钣金技术完成的。

　　钣金工是设备制造、机械加工及各种机器设备生产中不可缺少的专业工种，为了提高广大钣金工的综合素质和实际操作水平，特编写此书。

　　本书内容涵盖了钣金生产制造的全过程，系统地介绍了钣金基础知识及操作技能，内容包括识图展开、下料、加工成形、焊接、装配、矫正质检等。通俗易懂，逻辑性、实用性强。

　　由于水平有限，书中不足之处，敬请广大读者和专家批评指正。

　　在本书的编写过程中，编者参考了一些相关书籍及文章，限于笔墨，这里就不一一列出书名及文章题目了，在此对作者表示衷心的感谢。

目 录 Contents

第三章　20 招教你掌握加工成形工艺　　041

第六章　18 招教你做好矫正质检和验收　139

第一章
11 招教你识图展开

shiyizhaojiaonishituzhankai

招式 1:零件的形状结构表达

招式 2:钣金结构装配图

招式 3:常用金属材料

招式 4:钣金识图程序及步骤

招式 5:线形放样

招式 6:结构放样

招式 7:平行线展开法及步骤

招式 8:放射线法展开及步骤

招式 9:三角形法展开及步骤

招式 10:复杂构件的经验展开法

招式 11:不可展开的近似展开法

钣金工在进行加工制作之前,首先必须看懂图纸和相关技术要求。识图是接受任务、查看技术图的过程,也就是对所要制作产品的认识过程。技术图是钣金工从事生产的依据,它是按正投影原理画出的,图面上的内容主要包括结构件的形状、尺寸、粗糙度、标题栏和有关技术说明五部分。识图也就是要看懂这五部分,经过对图纸的分析和综合,在头脑中形成该结构件的立体概念,想像出该结构件的各部分在空间的相互位置、大小和形状。只有看了图纸以后才能进行后面的工作。

在工程技术中,产品的制造和工程施工都是以图样为依据的。整个生产过程都离不开图样,图样指导着生产和加工,是表达设计意图、交流技术思想的一种重要技术文件。直接参加生产的技术工人必须熟练地掌握制图的基本知识,要有正确熟练的识图能力。

在钣金工件中有很多曲面或折面形体的零部件。这就要求在放样号料的工序中将这些曲面或折面形体的零部件的形体表面形状和大小在平面中展开出来,为号料和下料做好准备,这就是展开放样。

展开放样是相对复杂的重要工作,需要操作者具有较高的专业技术综合能力和实践经验。钣金展开放样要应用钣金识图、立体几何和几何作图等多种专业知识和实际操作能力,才能快捷、正确地完成放样的工作。

展开放样应用展开图画法进行展开。展开图画法是在人们长期工作实践中积累起来的专业技术,是将物体各种形状展开放样的方法。

展开图画法一般有以下几种方法:(1)平行线法展开。(2)放射线法展开。(3)三角形法展开。(4)复杂构件的经验展开法。(5)不可展开的近似展开法。线形放样、结构放样、展开放样这三个过程在操作时是紧密联系没有严格区分的,操作者可以根据自己的经验尽量少做或是不做一些步骤,但应是根据施工图样做出准确的展开图形。

招式 1　零件的形状结构表达

零件图由结构件的形状、尺寸、加工精度、标题栏和有关技术说明等部分组成。钣金零件的形状结构表达是通过零件图实现的。

零件图是技术部门制作零件的设计文件,设计者根据某种机器对于零件的要求,用零件图的形式表达,然后由具体的生产部门按照零件图进行制造和检验。

(1)机械零件的形状是由三视图来表达的。三视图是观测者从三个不同位置观察同一个空间几何体而画出的图形。

将人的视线规定为平行投影线,然后正对着物体看过去,将所见物体的轮廓用正投影法绘制出来的图形称为视图。一个物体有六个视图:从物体的前面向后面投射所得的视图称主视图——能反映物体的前面形状;从物体的上面向下面投射所得的视图称俯视图——能反映物体的上面形状;从物体的左面向右面投射所得的视图称左视图——能反映物体的左面形状。三视图就是主视图、俯视图、左视图的总称。

一个视图只能反映物体的一个方位的形状,不能完整反映物体的结构形状。三视图是从三个不同方向对同一个物体进行投射的结果,另外还有如剖面图、半剖面图等作为辅助,基本能完整的表达物体的结构。

三视图的投影规则:主视、俯视长对正物体的投影、主视、左视 高平齐 、左视、俯视宽相等。在许多情况下,一个投影必须要加上注解,才能完整清晰地表达和确定形体的形状和结构。一般必须将形体向几个方向投影,才能完整清晰地表达出形体的形状和结构。

(2)零件图表达零件的形状、大小以及制造和检验零件的技术要求。零件图一般包括下列内容:一组图形:能够正确、完整、清晰地表达出零件各部分的内、外结构形状。全部尺寸:用以确定零件各部分相对位置和结构形状的大小。技术要求:应采用规定的代号、符号、数字和字母等标注在图上。需用文字说明的,在右下方空白处注明。标题栏:需填写零件的名称、材料、数量、比例、编号、制图和审核者的姓名、日期等基本信息。

零件图的技术要求一般包括:表面粗糙度、尺寸公差、形状和位置公差、热处理和表面镀涂层及零件制造检验、试验的要求等。上述要求应依照有关国家标准规定正确书写。

(3)零件的连接方式有焊接、铆接、咬接、螺栓连接等,但以焊接为主,焊接的方式方法很多,结构和形式都不尽相同。

招式2 **钣金结构装配图**

装配图表示机器和部件的工作原理、零件间的装配关系及技术要求。由于钣金工件和加工工艺的特殊性，其装配图和零件图有以下特点：

（1）图纸中的零部件所选材料一般比较简单，但装配图的表达方式很多、也比较复杂。

（2）通常情况下，一些尺寸较大的结构件，因为受到毛料大小的限制，需要进行拼接，在图样上平常不作标注。一般图样上只标注主要尺寸，有些尺寸需等到实际放样后才能正式确定。

（3）由于图样细节表达的需要，一般采用的表达方法有：局部视图、局部剖视图、断面图、多向投影图和中心点划线等。

（4）有些图样结合处没有明确标注连接方式，需要按工艺要求视具体情况确定，但焊接坡口方式、有关要求等都要明确标注在施工图上。

招式3 **常用金属材料**

（1）镀锌钢材

镀锌钢材主要有两类：电镀锌板和热浸镀锌板。

（2）不锈钢

不锈钢是抗大气、酸、碱、盐等介质腐蚀作用的不锈耐酸钢总称。要达到不锈耐蚀作用，含铬量不少于13%；此外还可以加入镍或钼等来增加效果。不锈钢的特点是：耐腐蚀性强，光泽度好，强度大；有一定弹性。

不锈钢材料的主要特性：

①其含铬量高，具有良好的抗氧化性能。

②奥氏体不锈钢：由于这种钢无磁性，耐腐蚀性能良好，高温抗氧化性能好，塑性好，冲击韧性好，且无缺口效应，焊接性优良等特点，使用比较广泛。但它一般强度不高，屈服强度低，且不能通过热处理强化，不宜用于承受高载荷。

（3）马氏全不锈钢：

具磁性，消震性优良，导热性好，具高强度和屈服极限，热处理强化后具良好综合机械性能。加含碳量多,焊后需回火处理以消除应力,因此锻后要缓冷,并应立即进行回火。主要用于承载部件。

例如:10Cr18Ni9 是一种奥氏体不锈钢,淬火不能强化,只能消除冷作硬化和获得良好的抗蚀,淬火冷却必须在水中进行,以保证得到最好的抗蚀性;在 900℃以下有稳定的抗氧化性,适合各种方法焊接;零件长期在腐蚀介质、水中及蒸汽中工作时可能遭受腐蚀破坏;钢淬火后冷变形塑性高,延伸性能良好,但切削加工性较差。

1Cr18Ni9 它是标准的 18-8 型奥氏体不锈钢,淬火不能强化,但此时具有良好的耐蚀性和冷塑性变形性能;钢因塑性和韧性很高,切削性较差;适于各种方法焊接;由于含碳量较 0Cr18ni9 钢高,对晶界腐蚀敏感性较焊接后需热处理,一般不宜作耐腐蚀的焊接件;在 850℃以下空气介质以及 750℃以下航空燃料燃烧产物的气氛中具有较稳定的抗氧化性。

Cr13Ni4Mn9 它属奥氏体不锈耐热钢,淬火不能强化,钢在淬火状态下塑性很高,可施行深压延及其他类型的冷冲压;钢的切削加工性较差;用点焊和滚焊焊接的效果良好,经过焊接后必须进行热处理;在大气中具有高耐蚀性;易产晶界腐蚀;在 750~800℃以下的热空气中具有稳定的抗氧化性。

1Cr13 属于铁素体—马氏体型为锈钢,在淬火回火后使用;为提高零件的耐磨性、疲劳性能及抗腐蚀性可渗氮、氰化;淬火及抛光后在湿性大气、蒸汽、淡水、海水和自来水中具有足够的抗腐蚀性,在室温下的硝酸中有较好的安定性;在 750℃温度以下具有稳定的抗氧化性。退火状态下的钢的塑性较高,可进行深压延钢、冲压、弯曲、卷边等冷加工;气焊和电弧焊结果比较满意;切削加工性好,抛光性能优良。

2Cr13 属于马氏体型不锈钢,在淬火回火后使用;为提高零件的耐磨性耐腐蚀性、疲劳性能及抗蚀性可渗氮、氰化;淬火回火后钢的强度、硬度均较 1Cr13 钢高,抗腐蚀性与耐热性稍低;在 700℃温度以下的空气介质中仍有稳定的抗氧化性。钢的焊接性和退火状态下塑性虽比不上 1Cr13,但仍满意;切削加工性好,抛光性能优良;钢在锻造后应缓冷,并立即进行回火处理。

3Cr13 属于马氏体型不锈钢,在淬火回火后使用,耐腐蚀性和在 700℃以下的热稳定性均比 1Cr13、2Cr13 低,但强度、硬度、淬透性和热强性都较高。冷加工性和焊接性不良,焊后应立即热处理;在退火后有较好的切削性;在锻造后应缓冷,并应立即进行回火处理。

9Cr18属于高碳含铬马氏体不锈钢,淬火后具有较高的硬度和耐磨性;对海水,盐水等介质尚能抗腐蚀;钢经退火后有很好的切削性;由于会发生硬化和应力裂纹,不适于焊接;为了避免锻后产生裂纹,最好在炉中缓慢冷却,在热态下,将零件转放入700~725℃的炉中进行回火处理。

(4)马口铁

马口铁为低碳钢电镀锡钢材;

特点:保持了低碳钢较好的塑性及成形性;一般料厚不超过0.6mm。一般用于遮蔽磁干扰的遮片及冲制小零件;

(5)弹簧钢

中碳钢、含锰、铬、硅等合金钢;

特性:材料可以产生很大弹性变形,利用弹性变形来吸收冲击或减震,亦可储存能量使机件完成动作。

(6)铜及铜合金

特点:导电、导热、耐蚀性好,光泽度好,塑性加工容易,易于电镀、涂装。

纯铜(含Cu 99.5%以上)亦称紫铜,材料强度低,塑性好;极好导电性,导热性,耐蚀性;用于电线、电缆、导电设备上。

铜锌合金,机械性能同含锌量有关;一般锌量不超过50%。

特点:延展性,冲压性好,运用于电镀,对海水及大气腐蚀有好的抗力。但本体容易发生局部腐蚀。

铜锡合金为主的一类铜基合金金属统称。特点是比纯铜及黄铜有更好的耐磨性;加工性好,耐腐蚀。

含铍的铜合金;

特点:强度、硬度高、弹性、耐磨性好;导电性、导热性、耐寒性都较高;无铁磁性。主要用于电磁屏蔽材料;

(7)铝及铝合金

特点:较轻的金属结构材料;良好的耐蚀性,导电性及导热性;相同重量情形下,An导电性比Cu高2倍,但纯铝强度及硬度比较低。

用途:铝质光泽及质软,可以制成不同颜色和质地的功能性和装饰性材料

铝合金:

强度、质量大,工艺性好,用于压力制造及铸造、焊接,广泛应用于发动机

上。

防锈铝:A1-An 及 A1-Mg 系合金(LF21、LF2、LF3、LF6、LF10)属于防锈铝,其特点是不能热处理强化,只能用冷作硬化强化,强度低、塑性高、压力加工性良好,有良好的抗蚀性及焊接性。特别适用于制造受轻负荷的深压延零件,焊接零件和在腐蚀介质中工作的零件。

硬铝:LY 系列合金元素要含量小的塑性好,强度低;如 LY1,LY10,含金元素及 Mg,An 适中者,强度、塑性中高;如 LY11;其 An、Mg 含量高则强度高,可用于作承动构件;如 LY12、LY2、Y4;LC 系列超硬铝,强度高,抗疲劳性能差。

锻铝:LD2 具有高塑性及腐蚀稳定性,易锻造,但强度较低;LD5、LD6、LD10 强度好,易于作高负载锻件及模锻件;LD7、LD8 有较高耐热性,用于高温零件,具有高的机械性能和冲压工艺性。

铸造铝合金:

低强度合金:ZL-102、ZL-303

中强度合金:ZL-101、ZL-103、ZL-203、ZL-302

中强度耐热合金:ZL-401

高强度合金:ZL-104、ZL-105

高强度耐热合金:ZL-201、ZL-202

高强度耐蚀合金:ZL301

(8) 镁合金

最轻的金属结构材料;强度高,耐疲劳,抗冲击,流动性好,防静电性能好;耐腐蚀性差,易氧化烧损。

主要验收的标准如下:

a. 结合力:印字干燥后,用指甲以 500 克左右力划痕,字迹不掉。

b. 耐磨性:采用阴极移动装置,摩擦介质海绵,加压 50 克,摩控 100000次,字迹无脱落。

c.高低温实验:高温 70℃(30 分钟)→常温(10 分钟)→低温-20℃(30分钟)为一循环共进行三个循环,字迹无变色、脱落现象。

d.耐手汗性:用滤纸吸饱人造汗(配方:氯化钠 7 克/升,尿素 1 克/升、乳酸 4 克/升)覆盖在键上,2 小时后用力擦拭,字迹无脱落现象。

e.耐水性:将字键在水中浸泡 4 小时后用力擦拭,无脱落现象。

f.耐溶剂性:将字键分别浸泡在酒精及汽油中,4小时后用力擦拭,浸泡在酒精中的有部分脱落,浸泡在汽油中的字键无脱落现象。

外观标准:

a.颜色:依颜色或样品及图面要求。

b.外观:无拉毛、模糊、针孔、重影等现象。

c.图标及字符位置:按照图面要求。

d.图标及字符的正确性:按照图面的要求

招式4　钣金识图程序及步骤

机械设备图分总图、部件图和零件图。钣金识图程序如下:

(1)从机械设备总图开始,了解设备名称和类型及装配检验要求等基本情况;组成的零部件名称、数量、材料规格等概况及装配检验要求等。要对标题栏和技术要求仔细分析,从而全面了解机械设备的情况。

(2)零部件图

从零部件图中了解机械设备各个部件的构成和制造加工要求的详细情况,确定零部件的材料、定形定位尺寸、加工公差(尺寸公差和形位公差)和检验标准要求等,可以有目的地编制加工生产过程,及时做好生产准备和安排生产加工,保证零部件质量。

(3)从总图到零部件图综合分析。从总图开始分析各零部件的空间位置和连接形式,以及各零部件的形状位置对机械设备组装连接的保证条件和统一关系,同时要保证各零部件的形状位置对机械设备连接的统一关系。决定生产安排和加工工艺术,这样才能保证组装的产品和准确性和符合质量要求。

(4)具体零部件图识图的基本方法是:形体分析法和线面分析法。形体分析法是读图的基本方法。一般是从反映物体形状特征的主视图着手,对照其他视图,初步分析出该物体是由哪些基本体以及通过什么连接关系形成的。然后按投影特性逐个找出各基本体在其他视图中的投影,以确定各基本体的形状和它们之间的相对位置,最后综合想像出物体的总体形状。

当形体被多个平面切割,形体形状不规则或在某视图中形体结构的投影关系重叠时,应用形体分析法往往难于读懂。这时,需要运用线、面投影理论来分析物体的表面形状、面与面的相对位置以及面与面之间的表面交线，并借助立体的概念来想像物体的形状。这种方法称为线面分析法。

展开放样。施工中接触到的施工图是用正投影法原理在平面上表示的三维空间形体，而展开放样的目的是求取构件表面在平面上摊平后的实际形状图而保证材料的下料，所以根据设计图求取线段实长和构件表面的平面实形是绘制展开图的作图基础，而这整个工艺过程一般叫做展开放样。

图解法展开原理是从画法几何学中得到的，而画法几何的基础是投影法，所以图解法展开的作图方法仍然要遵守这一基本原则，而计算法展开则是用解析计算，去代替图解法中的放样和作图过程。虽然有很多先进的方法，在逐步地替代传统的图解展开放样法，但传统的图解展开放样法目前在实际的施工现场上，仍有许多可以保留的部分而无法替代。

图解法展开放样的作图过程一般要经过线形放样、结构放样和展开放样这三个过程，但没有严格的区分，是互相交错联系在一起的，一般统称叫做展开放样，但它们的内容却是完全不相同的。这就要求施工者在展开放样时概念必须十分清楚，在实际施工中根据经验来决定那些过程可以简化合并或是不做，而且有些构件在经过线形放样或结构放样就可完成而不必进行展开放样，目前在现场的施工中多是以作图和计算结合的展开方法，这就需要施工者去灵活应用了。

招式5 线形放样

产品图样一般是缩小比例绘制的，各部分投影的一致性及尺寸准确程度都要受到一定的限制，所以展开下料前要放样绘制实样图。这一步工作就叫线性放样。线性放样必须根据施工图样做出准确的实样图形才能保证后面工序的质量，所以线性放样的主要技术问题就是要掌握几何作图法。

几何作图广泛应用在各学科和应用工程中。在展开放样工艺中，构件的作图画法也是多种多样的，一般根据图样精确度来决定画法，几何作图在各学科和应用工程中都是采集自己有用的部分，展开放样中需要做的几何图形也是如此，而且多种多样。随着科学技术的发展，各种结构的几何尺寸要求也越来越高，有些图形用几何作图法就难以保证准确要求，各种先进的方法在替代着传统的作图方法,但在实际施工中,有很多作图法仍然是简便而实用的,所以在钣金技术中还是有大量保留的实用技术。

招式6 结构放样

结构放样就是在线形放样的基础上,按施工要求进行工艺性处理的过程。结构处理涉及面广,需要放样者有较丰富的专业知识和实践经验,并对相关工种知识也应有了解。结构放样需要处理的内容如下:

(1)板厚处理,在展开放样工艺中板厚处理一般用于以下两方面:

a.构件由两种以上形体相贯时,分析其实际相贯点。b.为构件展开时的实际尺寸展开尺寸求解。因实际施工时的板材厚度不同,要求我们对线性放样所做实样图中的线条必须进行取舍。取舍的根据仍是保证展开形状在加工后能达到施工图的尺寸要求。也可以说板厚处理的内容就是求出展开体的接口位置,以确定求展图形而为展开放样准备取舍线条后的单线条放样图。板厚处理也是结构放样中的较重要的部分。

(2)实长线的求作

在展开放样和下料制作中都需要构件边缘的实长线来解决问题,对构件视图进行形体分析后必须根据形体对展开方法和展开实长投影线进行确定。实长线的求作一般归纳为以下几种方法:

a.直线段实长线的求作有旋转法、直角三角形法、换面法和支线法。这四种方法实际上都是利用平面内直角三角形的边角关系、用各种方法把两直角边实长投影到一个平面内的斜边来求出实长。

b.曲线段实长的求作有换面法和展开法。换面法多用于平面曲线,展开法多用于空间曲线。

(3)相贯线的求作

空间各种形体相互截交,交线叫相贯线,俗称结合线。平面和立体相交叫截交,交线是直线或曲线。在展开放样中常用的截面实形为直线、圆形、椭圆形、抛物线和双曲线等构成的平面图形。球体被平面截切后的截面实形均为圆形。立体和立体相交,相贯线的形状较复杂,交线是由直线或平面的空间曲线构成。

概括地说:线形放样是根据施工需要,绘制构件整体或局部轮廓投影的基本线形,就是根据图纸图样用几何作图法尽量以 1:1 的尺寸绘出投影实形图。而结构放样是在线形放样的基础上,按施工要求进行工艺处理的过程,就是根据实形图取舍投影线条进行板厚处理、相贯线的投影求作、实长线求作等处理,作出展开需要的单线条图形即放样图。展开放样是根据放样图利用展开图画法,对不反映实形和需展开的部件进行展开作图,以求取工艺需要的形状和尺寸的过程,也可以说是根据放样图做出展开图的过程。

在展开放样工艺中,几何作图、实长线求作、相贯线求作、板厚处理、展开图画法等是传统的作图法展开放样工艺中较重要的部分。

招式7　平行线展开法及步骤

平行线展开法的特点是物体表面所有素线在某投影面上的投影都表现为彼此平行的实线长,而另一投影面上的投影,只表现为一条直线或曲线。当形体的表面由相互平行的素线组成时,其表面一般采用平行线展开法。

平行线展开法的原理是:由于物体表面由一组无数条彼此平行的直素线构成,所以可将相邻的两条素线及其上下两段的周线所围成的微小面积看成是近似的平面梯形或长方形,当分成的微小面积无限多的时候,各微小面积的总和即为原物体表现的表面积,把这些微小平面按照原来的先后顺序和上下相对位置不重叠、不遗漏的铺平后,物体的表面就被展开了。

用平行线展开法作图的大体步骤如下:

作出形体的主视图和断面图。主视图反映形体的高度,断面图表示形体的圆周长度或多边形周长。

将断面图分成若干等分。等分点越多,展开图越精确。

任画一条直线,其长等于断面图周长,并找出断面图上各点。

在直线各点向上作直线的垂线,取各线长对应等于主视图的各素线的高度。

用直线或光滑曲线将各点连接起来就得到了形体的展开图。

招式8　放射线法展开及步骤

圆锥体、棱锥体等都可以采用放射线法展开。它们的特点是形体的表面由一组直素线组成,这些素线全部都能交汇于一点,而这些素线在部分投影图上反映的是实长线,并且素线的分布有一定规律。

放射线法展开的原理是:截体表面任意相邻两条直素线及其所夹的底边线组成的图形几乎近似于小平面三角形,当各小三角形底边无限短,小三角形无限多的时候,各三角形面积之和与原来的截体侧面积就相等。把这些小三角形按原有顺序和位置铺平在一个平面上就展开了截体的表面。

用放射线法展开图的步骤大致如下:

先做好主视图和底断面图。

将底断面图分成若干等份,由等分点向主视图底边引垂线,再由垂足向锥顶引素线,将锥体分割成若干小三角形。

求出各素线的实长。

将所有小三角线的实际大小,按顺序展开并划在平面上。

招式9　三角形法展开及步骤

当形体的表面既没有平行线,又没有集中于一点的形体素线时可用三角形法作出展开图。

三角形法展开时必须首先求出各素线的实长。它是将形体的表面分成很多的三角形平面,然后再求出所有三角形每边的实长,并把它的实际形体有序地画在一个平面上,就得到整个形体表面的展开图。

三角形法展开的原理是先把形体表面分割成若干个小三角形,把这些小三角形有序地铺平开来。

三角形法展开的步骤:

作出主视图、俯视图或必要的辅助图。

用三角形分割形体表面。

求出各棱线或各素线的实长,若形体端面不反映实形时,先求出实形。

按求出的实长线和断面实形,依三角形的先后次序画出展开图。

招式 10 复杂构件的经验展开法

在生产实践过程中往往有些相连接的形体不在一个平面内转弯或连接，有的展开形体较为复杂。这样的钣金件放样一直是比较繁琐的工作，特别是可展曲面构件展开计算，它是根据制件的已知尺寸和几何条件，通过一系列重复性的解析计算，求得制件展开图的尺寸。

招式 11 不可展开的近似展开法

螺旋面体、球体和圆环面体等不可展开形体的展开放样，按一般展开形体表现展开放样的方法没办法进行展开放样，只能采取近似方法展开。

如螺旋面体是母线沿着圆柱上的螺旋运动所形成的曲面，其导线为螺旋线及轴线。工程上用得多的是直母线螺旋面。正螺旋面是母线一端沿着圆柱做螺旋线运动，并且母线始终保持垂直于轴线而形成的曲面。作正螺旋面的投影图时，除了作出导线投影外，还需作出一系列素线的投影。正螺旋面的母线运动时，母线上所有的各点分别作半径不等的螺旋运动，但它们的导程都是相等的。

球体的展开放样一般都要球体表面分成很多半球片，将顶板、侧板都近似展开。在制作球体时将下料所用的钢板通过加热弯压产生塑性变形，然后通过一定的连接方式进行连接，一般为焊接。

不可展开形体的展开方法是将展开形体分为若干个小三角形或四边形，求出实长后作出相应的三角形和四角形，并按一定的顺序组合成展开形体的近似开展图。

第二章
19招教你精准下料

shijiuzhaojiaonijingzhunxialiao

钣金下料是冷作工作中的第一道工序，它是将工件所使用的毛坯材料按图样或制作样板的要求，在原材料上划出工件毛坯切割时依据的图线，然后选用相应合理的切割方法切割成毛坯的工序过程。

招式 12 下料过程分类

钣金下料是按图样要求将原材料用相应的方法切割成毛坯钣金工艺工序过程。下料过程可分为手工下料和机械下料。

手工下料是比较原始简单的方法，主要借助下料手动工具和小型电动机器等进行。常见的手工下料方法有手工锯割、剪切、冲裁、剁切和气体火焰切割等。在小批量无下料机械情况下的铝、钢及其合金或纸材等非金属材料的下料加工中一般采用手工下料方法。它的特点为成本低、生产率低、操作简单，缺点是精确度低。手工下料可以进行板材的直线或曲线切割和小型棒材或管材、型材等下料，工具简单原始。除此之外，手工下料还采用一些小型电动机器进行下料加工，如振动剪、切割机等。这些工具的使用，大大提高了劳动生产率，也提高了手工下料的质量和精度，被广泛采用。

手工下料中最常使用的钢材下料的方法是气割。其特点是简单实用，成本低廉。它利用氧气和乙炔、丙烷、石油液化气等可燃气体混合燃烧熔化被切割的钢材，并借助高压氧气进一步使熔化的钢材燃烧，完成钢材的切割分离。这个过程借助于割炬和一些辅助工具设备完成。

随着机械工程技术的发展，各种下料机械大量地产生，并且功能更全面、更合理。数字控制和自动化程度大大提高，不但进一步提高了产品质量，而且替代了展开放样和划线工序的工作。如数控剪板机、冲剪机、激光切割机等。

机械下料适用于批量生产，下料精度高、质量好，并且提高了生产效率和经济效益，在实际生产过程中，可根据被加工工件的形状、大小、精度等级要求、材料类型、生产数量及企业生产设备情况来确定合理的下料方法和选用相应的下料设备。

招式 13 下料准备

钣金下料是钣金工艺技术中第一道实际加工工序。直接影响到工件加工和焊接质量。因此,在下料前一定要做好以下准备工作。

(1)认真仔细审查图纸和下料样板;检查验收材料质量。全部验收合格后才能进行下料工序的工作。

(2)保证下料工具和机械的完好无损,能够正常使用,特别是安全装置,要确保安全可靠。

(3)结合图纸和样板要求审查下料划线号料的准确性和符合工艺要求,对下料顺序要进行认真仔细地核对。

(4)对材料进行整理,要码放整齐、做好标识。

(5)对实施下料的工作场合要进行检查,应符合有关安全生产条件和要求。

(6)参与下料的人员要懂得安全生产有关要求。

招式 14 加工前材料检验和变形矫正

下料前一定要保证原材料符合有关技术要求,特别是钢材的验收和钢材变形的矫正。在材料进场前就应对钢材的质量进行严格的验收。在下料进行的工序中,应对材料的规格、类型等按有关图样要求进行必要的检查复核。对材料的质量,尤其是变形缺陷采取相应的措施进行矫正处理,主要采用冷矫正和热矫正。

钢材在常温状态下进行的矫正称为冷矫正,冷矫正时易产生冷硬现象,适用于塑性较好的钢材变形的矫正。钢材在高温状态下进行的矫正称为热矫正,这种方法可增加钢才的塑性,降低其刚性。热矫正的温度范围一般为700~900℃之间,如果温度过高,会引起钢材过热或过烧。温度低于700℃时,容易产生脆裂。因此在热矫正时一定要控制好温度。

招式 15　下料的划线和号料

划线和号料是下料的依据,其准确性直接关系到下料的质量,所以在下料前要做好划线和号料工作。划线和号料的依据是图样和样板。是钣金加工中重要而细致的工作,它直接反映了工件的平面图形和真实尺寸。

(1)划线号料的工具。在钢板上进行划线时常用的工具有划针、划规、直尺、角尺、样冲、曲线尺、手锤、粉线、墨线和石笔等。量具有钢尺、水平尺和其他测量工具。在划线前要对常用工具进行检查,保证完好无损。

(2)为了保证划线的质量,必须严格遵守以下规则:

a.垂直线不能用量角器或直角尺,更不能用目测法划。必须使用作图法划。

b.用圆规在钢板上划圆、圆弧或分量尺寸时,必须先冲出圆心冲眼,以免圆规脚尖的滑动而影响划线准确性。

c.钢板应有合格的质量证明文件。要仔细核对其规格是否与图纸的要求相符合。

d.划线前钢材的表面应该平整,如表现不平整须在划线前加以矫正。

e.划线度量工具要定期检验校正。为提高下料效率,尽可能采用高效率的工具夹。

(3)划线的基准

基准,就是指这种起决定作用的基准线或基准面。在准备划线时,必须首先选择和确定基准线或基准面。在工件毛坯上划线时,由于存在很多线和面,在这些线和面的相互关系中,基准线或基准面起着决定其他线和面划线基准的作用。

(4)号料的依据

由于零件下料加工的需要,通常需制作适用于各种形状和尺寸的样板和样杆。号料就是依据样板或样杆,在钢板或型钢中划出工件下料的平面图形,作为下料切割的依据。

样板的种类:

a.号孔样板一般以圆心点表示,主要标志孔的位置。

b.卡形样板,用于煨曲或检查构件弯曲形状的样板,分内卡形样板和外卡形样板两种。如封头里和外口样板。

c.成形样板　用于煨曲或检查弯曲件平面形状的样板。此类样板不仅用于检查下料部分的弧度,同时还可以作为端部割豁口的号料样板。

d.号料样板　一般号料样板和号孔样板可以在一起制作。主要用于号料或号料同时号孔的样板。

样板、样杆的材料:

制作样板的材料一般采用0.5~1mm的铁皮。当工件较大时,可用板条拼接成花架,以减轻重量;对一次性的样板,可用油毡纸制作。样杆一般采用25mm×0.8mm或20mm×0.8mm扁钢条或圆钢、木杆等材料制作。

(5)号料的依据还有在放样分析时汇总的零件尺寸清单。

(6)号料划线时应注意的事项

①准备好手锤、样冲、划规、划针、铁剪、钢尺、角尺、三角板等号料工具和度量工具,并且要保证所使用的工具和量具的准确性。

②熟练掌握施工图纸,检查样板是否符合图纸要求。根据图纸直接在板料和型钢上号料时,应检查号料尺寸是否正确,以免造成废品。

③检查材料上是否有裂缝、夹层及厚度不足等现象,发现问题应及时处理。

④钢材如有较大弯曲、凹凸不平的,应先进行矫正。

⑤号料时,对较大型钢构件,划线多的面应平放,以防止发生安全事故。

⑥号料工作完成后,在零件的加工线和接缝线上,以及孔中心位置,应视具体情况打上样冲眼,同时应根据样板上的加工符号、孔位等,在零件上用白铅油标注清楚,为进行下一道工序做好准备。

⑦对剪切的零部件在号料时应考虑剪切线是否合理,是否适合于剪板操作。

(7)号料加工余量

在工件下料时,无论使用哪一种钢材,都要留出加工余量。加工余量的留置,是为了保证产品质量,防止由于下料失误,未留加工余量或加工余量,不符合要求造成零件加工废品。所以要求在钢材号料时,根据加工的实际情况,适当留出加工余量。

对于焊接结构件的样板,除放出加工余量外,还必须考虑焊接构件的收缩量。焊接收缩量较小,对接焊缝的收缩量为1.5~3mm,随时对接板厚度的增加而增大;角焊缝的收缩量为 1.5mm 以下,焊缝数量少时一般可以忽略不计,但焊缝数量过多时,因焊接收缩量累计,其数值应该考虑。

招式 16　合理用料

为了提高材料的利用率,在钢材上下料划线时,总是将零件靠近钢板的边缘,留出一定的加工余量。如果零件制造的数量较多,则必须考虑在钢板上零件排列的合理性,即为合理用料。合理用料既可以节约材料,又能在保证下料质量的前提下,提高材料的利用率。

常用的节约用料方法。

①集中下料法　由于钢材的规格和下料的零件是多种多样的,为了做到合理使用原材料,将各类产品中使用相同牌号、相同厚度钢材的零件集中在一起进行下料,这样可统筹安排,大小搭配,充分利用原材料,提高材料的利用率。

②长短搭配法　长短搭配法适用于型钢和管材的下料。由于原材料和零件长度不一,各有规格,在下料时先将长的料排出来,然后计算出余料的长度,根据余料的长度再排短料,这样长短搭配,可使余料最小。

③零料拼整法　在实际生产中,如果工艺条件许可,为了提高材料的利用率,常常采用拼整的结构。例如:在钢板上割制圆环零件时,将圆环分成半个或 1/4 形状,再拼焊而成。

④排样套料法　当零件下料的数量较多时,必须精心安排零件的图形位置,同一形状的零件或各种不同形状的零件进行排样套料。排样时,必须分析零件的形状特点,不同形状的零件应按不同的方式排列。零件形状一般有方形、梯形、三角形、圆形、多边形、半圆及山字形、椭圆及盘形、十字、丁字形和角尺形等。常用的排列方式有直排、单行排、多行排、斜排、对头排等。

招式 17　手工下料

在小批量生产时,一般使用手工下料,它的特点操作简单,方便易行。钢材的手工下料一般是对钢板和型钢的下料。

(1)薄板的人工剪切主要是手剪工艺。手剪工艺是按划好的剪切线利用剪刀等工具进行剪切。

在剪切短直料时,被剪去的部分,一般都放在剪刀右面。左手拿板料,右手握住剪刀柄的末端。剪切时,剪刀要张开大约2/3刀刃长或者更长。为避免剪下的材料边上会有毛刺,上下两刀片间不能有空隙,如果间隙过大,材料就会被刀口夹住。在剪切时应把下柄往右拉,使上刀片往左移,以消除上下刀片的间隙。

板料较宽、剪切长度较长时,由于板料较长,剪刀的刀口较短,必须将被剪去的那部分放在左面,这样就比较容易向上弯曲。剪切圆料时,应按逆时针剪切。顺时针剪切会遮住划线,影响操作的准确性。

为了提高手剪的效率和剪切薄钢板时比较省力,有时会将剪刀的下柄用台钳夹紧,上柄可套上细钢管以增加剪切力。

手工剪切方法只能剪切较薄的钢板,它的缺点是剪切精度差、工作效率低,劳动强度大,在生产实践中很少采用。

(2)型钢的剪切下料一般使用手工锯割方式剪切。手工锯割主要用手锯,特点是操作简单。手锯由锯架、夹头、翼形螺母、手柄和锯条组成。锯架呈弓形,有固定式和可调整式两种。固定式锯架只能安装一种长度规格的锯条;可调整式锯架有两段,前段可在后段中伸缩,可安装几种长度规格的锯条,使用更方便。

锯架的两端装有固定夹头和活动夹头,锯条挂在夹头的两个销轴上,拧紧翼形螺母就可把锯条拉紧。锯条上有很多锯齿,锯齿的切削部分呈楔形,包括两个表面和一个刀刃,即前刀面(与切屑接触的表面)、后刀面(正在由切削刃切削形成的表面)、切削刃(前刀面与后刀面的交线)。细齿锯条适用于锯割硬材料,因硬材料不易锯入,每锯一次的铁屑较少,不会堵塞容屑槽,而锯齿增多后,可使每齿的锯削量减少,材料容易被切除,因此锯切比较省力,锯齿也不易磨损。

在安装锯条时应该使锯齿向前,因为手锯在向前推进时才能起切削作用。锯条用翼型螺母调节到适当的松紧。如果锯条装得太紧,在锯切时会因受力不当而折断;锯条装得过松,锯缝不易平直,锯条同样也容易折断。

用手锯锯割的工件一般都较小,要用虎钳夹紧,不允许在锯割时发生松动,以免切割线倾斜造成下料废品或造成锯条在锯割时折断。

在锯割圆形工件时,要加衬铁或用管子虎钳才能使工件夹紧。为避免工件折断锯条或造成工件倾斜移动,夹紧时锯缝不能离钳口太远。起锯时,若锯条和整个工件宽度接触,往往不能按所划的线条进行切割入料,会引起工件表面的损坏,所以必须使锯条和工件倾斜成一个角度,角度过大容易把锯齿折断,并且影响锯割准确锯入工件。

起锯分远起锯和近起锯两种。因锯齿是逐步切入材料,不易被卡住,一般使用远起锯,要掌握好锯割时的速度,在推进时掌握好压力,否则很容易导致锯条折断。用手锯向前推进时,要对手锯施加一定压力,当锯条退回时,应把锯架微微抬起,以减少锯齿的磨损。为避免锯齿过早磨损,在锯割钢材时,应加油或肥皂水冷却。

招式 18 手工下料的安全措施以及下料后的矫正

手工下料在使用和操作中,一般应佩戴好手套、眼镜等安全防护用品,被切割钢材应用台钳、管架等夹紧,以防安全事故发生。为保证剪切质量和剪切工具的使用,在手工剪切时应按规定注入水、油等冷却剂。在使用锤击和剁切时要防止锤击和剁子击飞伤人。

手工下料后一般不易出现加工变形,但有时因材料内应力等原因也会出现变形,这时应及时对下料变形进行矫正。因为手工下料只能完成薄板和小型型钢的下料,所以下料产生的变形一般较容易矫正。

手工下料的切口一般应用锉刀等工具进行锉削修整。锉削是用锉刀对工件进行切削加工,使其达到所要求的尺寸、形状和表面粗糙度的操作。锉削是一种比较精细的钳工手工操作,锉削可以加工工件的内外平面、内外曲面、沟槽和各种形状复杂的表面,尤其是加工那些不容易用机械加工的部位。

锉刀是用碳素工具钢的材料制作,经热处理后,硬度可达 62~72HRC 的一种手工用切削工具。

锉刀在锉削时,要正确掌握握法和用力的变化。锉刀推进时,要保持在水平面内运动,这样才能使锉削工件表面成一个平面。

在锉削曲面时,应将锉刀前后跳动,随着前后移动才能更好地完成曲面的锉削。锉削的移动方向主要靠右手来控制,而压力的大小由两手控制,只有使锉刀前后两端所受的力相等,才能使锉刀做平直水平运动。

招式 19 小型电动工具及其下料使用

在钣金加工中,利用简单下料工具下料,虽然操作简单,但生产率低,下料质量精度差,劳动强度大,只是在维修和单件生产中才偶尔采用。在下料时常用的手用小型电动工具有:砂轮切割机、电动型材切割机、电剪、振动剪切机、手动剪板机等。

电动工具的特点是质量小、携带方便、结构简单、操作容易、效率高,因此得到广泛应用。电动工具使用时应注意安全,防止触电和机械伤害事故发生,

(1)小型电动工具是由小功率电动机通过减速传动机械带动工作头进行工作的,其安全操作要求如下:

①电动机具的使用必须保证用电安全,电源连线必须是电缆线,并且不宜过长。

②电动机具在使用前,应先空载检查设备完好性,在切割做功时刀具转向、移动方向是否合理,如发现异常现象,应及时维修排除。

③严禁身体任何部位接触机具转动部分,特别是其切割做功的刀具部位。

④使用电动机具进行操作时应穿戴安全用具。

⑤被切割工件必须按要求夹紧。在切割过程中应谨慎,避免用力过猛造成安全事故。工件切割临近结束时,应减轻用力,以免造成切割质量缺陷和安全事故发生。电动机具本机必须设接触开关等电控设施,不准用刀闸代替电源开关。使用后应及时拉闸断电,才能离开工作现场。下班后应及时拉闸,并绕好电缆线,清理施工现场。

(2)常用电动工具。

①电剪。电剪主要用于剪切金属薄板,能进行直线或曲线的剪切,优点是生产率高,切口比手工剪整齐。电剪的技术性能参数主要有最大剪切厚度(mm)、剪切速度(m/min)和最小剪切半径 R(mm)。由于型号较多,在应用时要选用符合要求的电剪。

②砂轮切割机。砂轮机是用来刃磨各种道具、工具的常用设备。其主要是由基座、砂轮、电动机或其他动力源、托架、防护罩和给水器等所组成,砂轮是设置于基座的顶面,基座内部具有供容置动力源的空间,动力源传动具有一

减速器,减速器具有一穿出基座顶面的传动轴供固接砂轮,基座对应砂轮的底部位置具有一凹陷的集水区,集水区向外延伸一流道,给水器是设于砂轮一侧上方,给水器内具有一盛装水液的容器,且给水器对应砂轮的一侧具有一出水口。具有整体传动机械十分精简完善,使研磨的过程更加方便顺畅及提高整体砂轮机的研磨效能的功效。

砂轮较脆,转速很高,使用时应严格遵守安全操作规程。砂轮切割不但能切割圆钢、异型钢管、角钢和扁钢等各种型钢,尤其适宜于切割不锈钢、轴承钢、各种合金钢和淬火钢等材料。砂轮切割机的砂轮片是关键部件,砂轮机的切割效率和使用的安全性主要依靠砂轮片的切割能力和强度,所以在选择砂轮片时应注意砂轮片的质量和砂轮片的保管状态(砂轮片受潮后易破碎)。

③振动剪切机。在机体内装有主轴,主轴外设有偏心装置,通过球型连杆,并经滑块调节装置与上剪切刀连接,在与上剪切刀对应的位置上固定有下剪切刀,通过上、下剪切刀的相对移动,能将金属板材剪切出各种复杂形状。具有结构简单,小巧轻便,操作容易,对基础环境适应性强等特点。

④手动剪板机。专门为加工金属薄板而设计,手动剪板机械形式为三辊非对称式,上辊为主传动,下辊垂直直升降运动,以便夹紧板材,并通过下辊齿轮与上辊齿轮啮合,同时作为主传动;边辊作倾升降运动,具有预弯和卷圆双重功能。结构紧凑,操作方便。

在钣金手工下料中经常应用专用切割下料工具,可起到工效高、质量好、简单实用的效果。管材手工切割可以采用专用割管器进行切割。手工切割管刀是由刀架、可调手柄、可调圆刀片、导轮和圆管组成。这种割管器在生产实践中使用效果极好。在切割管材时按切割划线将割管器卡在已固定在管台钳(一种专用管用台钳)上的钢管上,然后转动可调手柄用右螺旋给进,使刀片"吃"进钢管,再将割管器沿钢管作圆周转动,这样反复动作完成切割功能。特别是在管道安装时常用,切割圆管后马上套丝,很有实用价值。

招式20 气割下料

利用气体火焰的热能将工件切割处预热到一定温度后,喷出高速切割氧流,使其燃烧并放出热量实现切割的方法,叫气割。气割是现代钢材分割技术中应用最广泛的一种工艺方法。在焊接结构的生产、施工中,气割成为钢材分割的不可缺少的基本工艺技术方法。气割具有方便、适应性强、设备简单、效率高、成本低、使用灵活、能实现空间各种位置的切割的特点,能够实现非直线的、所有中厚度的包括钢板、型钢等所有低、中碳钢钢材、铸钢件的所有位置的气割,这些是剪切所不能实现的。同时,气割还不产生扭曲变形与冷作硬化现象。为了减少或不产生扭曲变形,消除因扭曲变形带来额外的矫形工作,当板厚超过 12mm 时,应考虑优先选用气割进行切割。对于淬硬敏感的钢种,对气割的边缘应根据有关规定,采用着色等方法。进行表面的裂纹检查及硬度检测。同时对于淬硬敏感的钢种,当气割时的环境温度较低时,可在气割前对气割部位进行预热。气割是传统、简单、实用的金属切割方式。

(1)气割过程:

①预热 气割开始时,利用气体火焰(氧乙炔焰、氧丙烷焰)将工件待切割处预热到该种金属材料的燃点(对于低碳钢约为 1100~1150℃)。

②燃烧 喷出高速切割氧流,使已达燃点的金属在氧流中激烈燃烧。

③吹渣 金属燃烧生成的氧化物被氧流吹掉,形成切口,使金属分离,完成切割过程。

(2)气割的变形

气割的变形是一种不可避免的现象,在采用仿型或数控气割时,这种现象就更加明显。

(3)气割用工具

气割用工具有割炬、氧气减压表、乙炔发生器、氧气钢瓶、氧气输送橡胶管、乙炔输送橡胶管等及专用扳手。其中,常用割炬又分为射吸式和等压式两种类型。由于射吸式割具对燃气压力要求不高,对低、中压力的燃气均可兼容,射吸式割炬的应用量最大。

a.乙炔发生器

乙炔发生器是制取和储存乙炔的设备,是一种用水分解电石而获得乙炔的装置。发生器的装置形式可分为移动式和固定式两类。移动式的乙炔发生器构造简单、体积小、重量轻、便于移动,它的产气率较小,一般用于在不固定和气体需要量不大的场所使用,尤其适用于钢结构安装现场使用。

固定式乙炔发生器的产气率一般在 10~500m³/小时以上,乙炔纯度较高,压力也稳定,由于它的体积大,不便于移动,因此适于用气量较大的固定场所。乙炔发生器中的电石装在发生器的内筒中,当未切割时,内筒中的气体压力使水从内桶排出,从而使电石与水脱离接触,停止产生乙炔气;进行气割时,内桶中气体减少,压力下降,水面上升,电石又与水作用产生乙炔气供切割用气使用。

乙炔是易燃易爆气体,为安全起见,乙炔发生器内桶上部装有防爆膜。桶内压力过大时,防爆膜即自行破裂,以防止乙炔发生器爆炸。此外,乙炔发生器应严禁接近明火;禁止碰撞;设备要有专人保管和使用;防止曝晒、冻结;气割工作场地要距乙炔发生器10m以外;要定期清洗和检查。

乙炔发生器主要附件有回火保险器。回火保险器的作用是截住回火气流,保证乙炔发生器的安全。在正常气割时,火焰在割炬的割嘴外面燃烧,当发生气体供应不足或管路割嘴阻塞等情况时,因气体流速小于其燃烧速度而使火焰沿乙炔管路向里燃烧,这种现象称为回火。如果回火火焰蔓延到乙炔发生器,就可能引起爆炸事故。

乙炔发生器有各种不同的规格和型号。小型的乙炔发生器由于使用的安全性较差,当前一般被专用乙炔钢瓶取代。

b.乙炔钢瓶

乙炔钢瓶常用的是溶解乙炔钢瓶,它是一种储存和运输乙炔用的容器。乙炔瓶是利用乙炔能溶解于丙酮的特性来储存和运输乙炔的。在瓶体内装有能吸收丙酮的多孔性填料合制而成,用它来吸收乙炔,在15℃和15atm下充气效果最好。使用时,溶解在丙酮内的乙炔就分解出来,通过乙炔瓶阀流出,而丙酮仍留在瓶内,以便再次溶解压入的乙炔。

溶解乙炔气瓶成本较高,它的优点主要有:

①气体纯度高,不含水分,有害杂质的含量少。

②气体压力高,能保持焊炬和割炬工作的稳定。

③设备轻便,不污染环境。由于体积小,搬运方便,特别适合各种钣金工件下料现场使用。

④工作比较安全。在温度较高的车间、厂房、露天现场作业时,不会像乙炔发生器那样泄漏出相当数量的气态乙炔,但乙炔瓶表面温度也不能高于40℃。

⑤在低温下工作时,也不会因外接水封安全器及软管中的水分冻结而发生停止供气的现象。

乙炔钢瓶的重要附件是乙炔调压器,也称乙炔压力表。调压器是用来调节乙炔气体工作压力的装置,在气割中,氧—乙炔混合气体的火焰要求乙炔的压力在一定的范围中,由乙炔调压器进行调节。

按规定,乙炔气瓶外表涂白色,用红字标明"乙炔"标识。当前也有使用石油液化气等其他可燃气体进行气割的,其使用功能及要求与乙炔气体相似。

c.氧气钢瓶

氧气钢瓶是储存和运送高压氧气的容器,容积为40L,工作压力为150atm。氧气瓶外表漆呈天蓝色,用黑漆标明"氧气"字样。氧气瓶应该正确地保管和使用,否则有爆炸危险。放置氧气瓶必须平稳可靠,不许与其他气体瓶混在一起;气割工作场地和其他火源要距氧气瓶5m以外;禁止撞击氧气瓶;严禁瓶口沾染油脂;防止暴晒;严禁火烤。

氧气钢瓶重要的附件是氧气减压器,也称氧气压力表,它是用来调节氧气工作压力的装置。要使氧气瓶中的高压氧气变为工作需要的稳定低压氧气,就要由减压器来调节。氧气减压器包括两个氧气压力指示表,一个是高压表,是表示氧气瓶内氧气压力(气量);一个是低压表,是调节氧—乙炔混合气体燃烧和切割所需氧气的压力的。功能各异,使用时应注意区分。

(5)气割的安全

氧气瓶、乙炔瓶及所有气割工具都是禁油或要求远离易燃介质的。夏天高温时,应将氧气瓶、乙炔瓶用木板等隔热的材料将其遮挡;远离高温辐射源。乙炔瓶必须呈站立状使用,不得倾斜或躺卧。冬季,氧气瓶角阀冻结可用热水或蒸汽进行化冻,绝不可以用火烘烤。氧气瓶和乙炔瓶在使用时保持一定距离。回火时,迅速将乙炔阀门和混合气体的氧气阀门关闭。

可燃气体在空气中的含量达到一定程度时,遇到一定压力、温度或火花,直至砂轮磨削产生的火花都能引起爆炸。控制可燃气体不发生泄漏是保证可燃气体安全性的基本条件。

招式21 常用剪切方法及特点

剪切是对金属进行分割的一种高效率的工艺方法,其成本低于气割,但剪切本身特点也部分地限制了它的使用。

(1)剪切的冷作硬化

冷作硬化是剪切过程中发生的一种无法避免的不良现象。它使剪切边缘的硬度、屈服点提高,塑性下降,导致材料变脆,直至产生裂纹。冷作硬化的产生与材料的力学性能、材料的厚度、剪刃间隙、上剪刃倾角、剪刃的锐利程度、压紧装置等的影响分不开。它的主要关系如下:材料的塑性越好,则变形区域越大,硬化宽度也越大;材料硬度越高,硬化区域的宽度也越小;随着材料厚度的增加,硬化区域的宽度也增加,反之减小;硬化区域随剪刃间隙的增大而增大;冷作硬化区域随上剪刃倾角的增大而增大;冷作硬化区域随剪刃锐利程度的下降,剪切力的增加而增大;随压紧装置与剪刃距离的减小,压紧力的增加,能够提高被剪切材料的抗变形能力,冷作硬化区域的宽度也就减小。

(2)合理选择剪刃间隙

为保证剪切边缘不产生翻边现象,在剪切厚度较小的材料时,剪刃间隙应当小一些。对剪切厚度较大的材料时,剪刃的间隙应当适当增加,剪刃间隙的合理确定,主要取决于被剪材料的性质和厚度。各种剪切设备均附有详细的间隙调整数据铭牌,用来指导调整剪刃间隙。过小的剪刃间隙使剪切力增加,剪刃磨损加快。过大的剪刃间隙使剪切断面产生严重的翻边现象。翻边的存在和过大既加剧了冷作硬化层的深度,也影响下道工的组装,还增加了生产的不安全因素。

(3)常见的剪切方法

①直线剪切 一般都是在龙门剪床上实现的。龙门剪床一般都是商品供货,是目前应用最广泛的、构成冷作设备的重要组成部分之一。

②曲线剪切 曲线剪切有圆盘的曲线剪切和振动的曲线剪切之分。多采用振动的曲线剪切机床。主要用于剪切厚度为≤3mm的薄板。由于剪切力相对较小,设备结构简单,有手动式和固定式两种。固定式基本上都是是属于自制式,手动式为电动式。设备缺点是噪声较大。

另一种曲线剪切是在圆盘曲线剪切机上实现的。该类剪切机床的结构比振动剪切机床的结构相对复杂一些,但噪声比振动剪切机低得多。

(4)剪切构件的测量

当角钢类型钢采用型钢冲剪机剪切下料时,由于在被剪材料的重力和剪切力的双重作用下,剪切时不可避免地产生剪切倾斜偏差。当下料的构件属于内镶装配时,在对剪切长度进行测量检查时,应把剪切倾斜偏差考虑到合理的测量长度之内。否则下料的空间尺寸偏长,给后续的组装工作带来困难。

(5)剪床工作台的防护

对于剪切不锈钢、铜、铝、钛等有色金属及合金等材料,由于这些材料表面的被保护程度要求很高,不得因剪切出现划痕、铁离子污染等缺陷,所以要对剪床的工作台、压料板等接触上述材料的部位,垫以石棉橡胶板或乙烯板之类的物质。

(6)剪切线的定位方法

剪切线的定位分限位挡铁定位和光影定位两类方法。剪切线的定位精度直接影响着剪切的尺寸精度与剪切的质量。剪切线的定位与剪切的机床类型、剪切构件的数量、几何形状和尺寸的大小有直接的关系。

①限位挡铁定位 一般用于数量大、尺寸相对不大的构件的剪切。限位挡铁机械一般都是属于剪切机床配套装置,通过手轮调整剪切宽度尺寸,使用时比较方便。

②光影定位 适用于剪切数量不大、尺寸偏大的构件的剪切。剪切线的定位,是通过灯光照射产生的光影与剪切线的重合来确定剪切。光影定位又分为剪刃光影定位和钢丝光影定位。

a.剪刃的光影定位

这种定位方法的不同是由剪切机床的运动方式决定的。这种方法应用相对普遍。它是通过调整光源位置确定的。对于上剪刃的运动是采用偏心轮式的直线运动型。上、下剪刃间的投影距离始终为一个确定值时,可以直接利用上剪刃阻挡灯光通过而产生的阴影,与剪切线的重合来确定剪切。

b.钢丝的光影定位

对于上剪刃的运动是通过绕轴产生的上、下摆动实现剪切功能的。由于上、下剪刃间的投影距离为一个不确定值时,需要采用另外悬挂位置固定的钢丝,阻挡灯光的通过而产生的阴影与剪切线的重合来确定剪切。为了提高光影的精度,钢丝的直径应不大于0.5mm。钢丝与上剪刃的距离是通过灯光、钢丝和剪切线的共同因素确定的。与下剪刃的距离,取值应尽量小,便于保证光影的清晰程度。钢丝是固定在龙门剪床的两侧立柱上的,夹在上剪刃与压紧剪切坯料的装置之间。光影定位所需的光影位置,应在光影的使用之前调整准确后方可使用。

招式 22 机械冲断下料

机械冲断(冲切)下料是利用冲床或其他专用机械的冲压力,在具有上、下刃口的胎模的作用下将型材冲断下料的过程。机械冲断下料效率高,但下料尺寸和外形精度较差,一般用于工件毛坯的下料。冲断下料工效和质量的关键是冲断模的设计和使用。下面分别介绍管材、型材和棒料的冲断(冲切)下料。

(1)管材的冲切

管材的冲切是在冲床上利用冲切模具冲切管材的方法。它是利用板状尖头的凸模冲切厚度在 3mm 以下、直径在 50mm 以下的薄壁管的工艺过程。对于薄壁管,其剪切用的凸模厚度及凹模之间的缝隙取 3~4mm。用这种方法冲切管子时,管壁将产生歪斜,歪斜程度与刀刃尖端的角度有关。目前生产中采用的切刀曲线多为圆弧形,这不仅易于磨削加工,而且也能较好地满足冲切要求。

机械管材冲切法适用于大批量生产,缺点是刨切的切口及底部冲切时会产生少量的毛刺和歪斜,对管壁太厚的管材也不适用。它主要适用于长度较大的薄壁管材的冲断。

生产实践中对管壁较厚、长度较短的管材常采用心棒冲切法冲切。它是利用在管内放置心棒来防止管材被压扁的剪切法。活动心棒安装在活动刀刃上,两者连成一体。这种方法的要点是心棒和模具内径之间间隙值的取法,因为剪切时管材切口的歪斜被限制在心棒和模具的间隙内,如果间隙值取得过大,则切口的歪斜就加大;如果间隙取得过小,就会造成送料困难,解决的办法是,可将活动刀刃一侧的间隙取得比固定刀刃一侧的间隙略大一些,或将靠活动刀刃一侧的心棒端部倒角以便于送料。

心棒剪切法的特点是可以剪切厚壁管和断面形状复杂的异形管材,无切屑,但是模具比较复杂,剪切厚壁管时切口面精度较差,特别是切口面的左右两端部因剪切厚度增大而成为有缺陷的切口面,如果要求断面平整,则和棒料精密剪切一样,可采用约束剪切或高速剪切以获得平滑的冲切面。

(2)型材的冲切

型材一般在冲切后材料变形不大,而且变形容易矫正。

型材冲切的特点是在冲切过程中不能使型材的形状改变。为了型材送进通畅，在设计模具时动模和定模的型孔比型材各部分尺寸放大 0.3~0.5mm。它的最大优点在于材料利用率很高、剪切件尺寸精确、棱角清晰，而且剪切件的相对厚度越大越有利。剪切时，借助于压力机滑块下行，推动动模下行而将型材切断分离。

(3)棒料的冲切

棒料的冲切在实践中经常采用，常用冲床进行棒料冲切下料。冲床冲切棒料一般使用切断模，切断模主要结构是上下两个带有切断刀片的模架，下模架固定在工作台上，上模架固定在冲床的冲头上。刀片是稍大于棒材直径的弧形刃口。当棒料固定在下模架的刀片上后，上模架在冲床压头向下冲压下很容易冲断棒料，所以生产效率高。棒料冲切的缺点是切口的精度较差。

冲切下料在实践中常使用冲剪工艺技术，在锻锤(空气锤)等压力机上进行。锻锤冲切下料一般称为克料。该方法所用工具简单易行，不需另备下料设备，只需各种不同的克料工具即可，但是在工作时必须采取必要的安全操作措施以保证生产的安全。

建筑上常用的钢筋切断机也是常用的棒材(钢筋)冲切设备，机械结构简单实用，工作效率高，得到广泛应用。棒料的冲切工艺下料一般下料精度稍差。下料的毛坯只能用于锻造和其他成形加工。

招式23 机械冲裁下料

利用冲模使板料相互分离的工艺称为冲裁。机械化、自动化程度高，一般应用于大批量生产中。冲裁下料使板料分离的工件具有一个封闭曲线轮廓。

(1)冲裁的分类

冲裁分落料和冲孔两种。如果冲裁时，沿封闭曲线以内被分离的板料是零件时，称为落料；将封闭曲线以外的板料作为零件时，称为冲孔。落料和冲孔的原理相同，但在考虑模具工作部分的具体尺寸时，才有所区别。

冲裁可以制成成品零件，也可以作为弯曲压延和拉伸成形等工艺准备的毛坯。冲裁用的主要设备是冲床或摩擦压力机等。冲裁时板料分离的变形过程，分为弹性变形阶段、塑性变形阶段和剪切阶段。

(2)冲裁件的工艺性

冲裁零件的形状、尺寸和精度要求必须符合冲裁的工艺要求,这是冲裁件的工艺性问题,主要包括以下几方面的内容。

①冲裁件的形状要求简单、对称,尽量采取圆形、矩形等规则形状,避免过长的悬臂和切口,悬臂和切口的宽度要大于板厚的两倍。

②为了便于模具的加工,减少热处理或冲压时在尖角处开裂的现象,也为了防止尖角部位刃口的过快磨损。冲裁件的外形和内孔的转角处,应避免尖角,圆弧过渡。

③冲孔时孔的最小尺寸与孔的形状、板厚和材料的机械性能有关。

④受凹模强度和零件质量的限制,零件上孔与孔之间或孔与边缘之间的距离不能太近。

冲裁下料是要求精度较高的下料工艺。冲裁下料后一般直接进行组装。

招式 24 冲切和冲裁安全操作

机械冲切和冲裁使用的设备主要是一台冲压式压力机。在生产中,冲压工艺对于比较传统机械加工来说有节约材料和能源,效率高,对操作者技术要求不高及通过各种模具应用可以做出机械加工所无法达到的产品这些优点,因而它的用途越来越广泛。冲压生产主要是针对板材的。能过模具,能做出落料、冲孔、成型、拉深、修整、精冲、整形、铆接及挤压件等等,广泛应用于各个领域,有非常多的配件都可以用冲床通过模具生产出来。

冲床的设计原理是将圆周运动转换为直线运动,由主电动机出力,带动飞轮,经离合器带动齿轮、曲轴(或偏心齿轮)、连杆等运转,来达成滑块的直线运动,从主电动机到连杆的运动为圆周运动。

连杆和滑块之间需要有圆周运动和直线运动的转接点,其设计上大致有两种机械,一种为球型,一种为销型(圆柱型),经由这个机械将圆周运动转换成滑块的直线运动。冲床对材料施以压力,使其塑性变形,而得到所要求的形状与精度,因此必须配合一组模具(分上模与下模),将材料置于其间,由机器施加压力,使其变形,加工时施加于材料之力所造成之反作用力,由冲床机械所吸收。

由于冲床具有速度快、压力大的特点,因此采用冲床作冲裁、成型必须遵守一定的安全规程。

①操作者应了解冲床的构造及传动原理,熟悉安全防护装置及其使用。

②开机前应对设备传动部位注油并检查设备各部运转是否符合要求,其中应着重检查安全防护装置是否完好有效,特别是启动离合器是否灵活可靠。

③按要求准确调整滑块行程及冲模之间间隙。检查冲模刃口有无磨损及缺陷,检查连动装置应正常可靠。

④首先应空载试车运行,检查无异常现象,各部运行符合要求,才能正式投入使用。

⑤检查板料材质规格应符合要求,对其变形和缺陷应及时矫正和清除。

⑥作业中应经常检查冲模是否紧固牢靠,确保无松动、移动现象,如发现异常现象应紧急停机进行必要的检查和维修。

⑦作业后应及时关闭电源,锁好电控箱,清理设备及工作现场,做好设备的日常保养和维修工作。

招式25 振动剪

振动剪的工作原理是以电动机通过偏心机械使上剪刀以 2000~2500 次/min 的频率振动,预先可按要求调好上、下剪刀的重叠量和合适的间隙。

振动剪在剪切材料时,是一小段一小段被剪下的,由于剪切过程不连续,所以生产率很低,且剪切质量差,裁件边缘粗糙,有微小的锯齿形,零件精度较低。振动剪可根据划线或样板剪切直线或曲线轮廓的外形或内孔。但由于振动剪结构简单,便于制造,对剪切不同形状、尺寸的零件或毛坯的适应性好,非常适用于小批量的生产。

振动剪有移动振动剪和固定台式振动剪两种。移动振动剪是手工剪切下料的小型机具。固定台式振动剪有各种型号,可供工厂或生产线配套使用。振动剪按结构和工作原理,适合较薄工件(3mm 以下)曲线轮廓的外形和内孔的剪切加工。

招式26 龙门剪板机及其操作

龙门剪板机是钢板切割下料常用的专用机械。其动力传动方式有机械传动和液压传动两种。

(1)工作原理

龙门剪板机常用来剪切直线边缘的板料毛坯。为了尽量减少板材扭曲，获得高质量的工件毛坯。对被剪板料，剪切工艺应能保证剪切表面的直线度和平行度要求，

挡料板的调整可用手动或机动的方法。手动调节的方法如下：

①调整前挡板。把后挡板靠近下刀口，再把样板靠紧后挡板，将前挡板靠紧样板并固定住。松开后挡板，去掉样板，装上板料进行剪切。

②调整后挡板。将样板托平对齐下刀口，再把后挡板靠紧样板并固定住，去掉样板，装上板料进行剪切。

龙门剪板机是上、下两个刀片斜口剪切。斜口剪切的过程是剪切开始时，上刀刃和板料仅有一部分接触，然后板料一边被剪裂，当继续下行时便逐渐分离成两部分。

剪切角对剪板条的变形影响很大，剪切角小时剪切质量较好，剪切角大时质量较差。机械传动和液压机械传动的剪切机，在大多数情况下剪切角是不可调的。液压传动的剪切机一般是可调的，调节之前，需将刀架行程量调到最大位置，再按动剪切角增大或减小按钮，其数值在机械操作板上显示。机械传动剪切机维护简便、行程次数高，成本较低。剪切机机架为钢板焊接整体结构，刀架沿圆弧摆动，因此刀片间隙通过刀架摆动支点的偏心轴得到调整，结构简单，调节方便。压料装置采用液压结构。

(2)液压传动剪切机的优点：

①可以防止因超载而引起的机器事故，工作比较安全。

②可以实现单次行程、连续行程、点动和中途停止并返程等动作，操作方便，易于实现单机自动和用于流水线上工作。

③机器的体积小、重量轻、制动容易。

④机器振动小，工作平稳，刀具寿命长。

(3)操作方法

①操作前要穿紧身防护服，袖口扣紧，上衣下摆不能敞开，不得在开动的机床旁穿、脱衣服，或围布于身上，防止机器绞伤。必须戴好安全帽，辫子应放入帽内，不得穿裙子、拖鞋。

②机床操作人员必须熟悉剪板机主要结构、性能和使用方法。

③开动电动机,使剪板机空车运转,并检查机器各部位有无异常情况。

④调整机床时,必须切断电源,移动工件时,应注意手的安全。

⑤固定尺寸挡板。按下述方法进行调节。前挡板用螺栓固定,后挡板可用螺杆调节的结构,无论前挡板和后挡板都必须紧固,不准强力碰撞,防止移位。大料连续剪切,一般后挡板固定定位为宜;小料单独剪切时一般以前挡板固定定位为宜,因为如果采取后挡板定位,容易造成压料装置无法执行压料等现象出现。

⑥将板料放在剪板机上、下剪刀片之间,并靠紧尺寸挡板。

⑦脚踏离合器,上刀片下降与下刀片共同作用剪断板料。

⑧移动剩下的板料,靠紧尺寸挡板,再进行下一刀剪切。

⑨机床各部应经常保持润滑,每班应由操作工加注润滑油一次,每半年由机修工对滚动轴承部位加注润滑油一次。

利用挡板定位可实现连续剪切。连续剪切就是开动剪板机的自动行刀开关或一直踏住离合器,使上剪刀片连续上、下动作进行的剪切。为了在上剪刀片回程很快的时间内进给板料,一般都利用挡板来保证零件的尺寸和形状。连续剪切要点如下:每次进给料时,不能用太大的力碰撞挡板,避免挡板位移,否则,不能保证剪切零件的质量;连续剪切时,精神必须集中,防止人身、质量事故发生;在利用挡板定位时,对第一块剪切完的板料应检查一下,是否可以在单件下料时剪切,或者也可以按划线进行剪切。这时应将划线的线条垂直对准下刀片两端,确认准确后再示意启动离合器进行剪切动作。

招式27 圆盘滚刀剪切机

圆盘滚刀剪切机,主要是对板料进行多条分割,或长板修边分条的设备,其广泛应用于板料加工的各个行业。具有剪切速度快生产效率高等特点,可单机使用也可配于生产线工作。

圆盘滚刀剪切机结构简单紧凑操作方便,主要由固定立柱、移动立柱、上下刀轴、动力箱体及底座等部分组成。其中固定立柱宽度较大主要用于移动立柱移出时支撑两悬臂刀轴;移动立柱可沿导轨左右移动,以便更换刀片或调整刀片轴向间隙,立柱的移出与退回用手轮通过旋转丝杠完成,上下刀轴两端均用轴承支撑,转动灵活圆盘滚刀剪切机的上下刀轴上装有两对圆盘刀片,它们可根据板材的分条宽度在刀轴上自由调整,用螺母和隔圈锁定在刀轴上。上下圆盘刀片的剪切间隙由人工用塞尺确定。上刀轴支承在可调整的滑座上,可由手轮经蜗轮付和螺纹付驱动升降,以便于根据板厚不同对刀具的重叠量进行调整,其数值由百分表显示,可精确至0.01mm。

更换刀盘时,刀轴的可移动支承在松开紧定螺母后,旋转手轮,使支承沿导轨从刀轴端移出,同时支承顶端有导向机械,以确保支承复位后的重复位置精度,同时确保了刀轴的安装精度不受影响,更换刀盘完成后,按上述顺序反向操作即可,该机械省时省力,平稳快捷。

剪刀工作时需有正常间隙,其间隙应根据板料厚度不同进行调整。垂直间隙用调节上剪刀的方法调整,水平间隙则用调节下剪刀的方法调整。

用滚剪机剪切时,剪刀对板料有自动送料的作用。为使板料能自动沿着刀口送料,板料与刀口之间摩擦力的合力应大于推力的合力。

按照圆盘剪刀的配置方法可分为三种。直配置适用于将板料剪裁成条料,或将方坯料剪切成圆坯料;斜直配置适用于剪裁圆形坯料或圆内孔;斜配置适用于剪裁任意曲线轮廓的坯料。

滚剪时,上下剪刃的间隙取决于被剪切板料的厚度,一般取0.05~0.2mm。用滚剪剪切曲线轮廓毛坯时,其曲率半径有一定的限制,最小曲率半径与剪刀直径、板料厚度有关。

用圆盘剪来剪切曲线轮廓的毛坯时,还需知道剪板机容许剪切的最大直径和最小曲率半径。例如Q23—4X1000型双盘剪板机,可剪切板材的最大板厚为4mm,最大直径为1000mm。

在大规模生产的条件下,滚剪机下料可以组织成生产流水线。例如:在压力容器封头旋压成形生产线中,一般使用滚剪机作封头毛坯下料专用设备。旋压成形封头毛坯下料在下料工序中应用滚剪机下料后,转入旋压工序进行封头加工,下料质量好、功效快,得以广泛使用。

招式 28 联合剪切机

联合剪切机用于板材或型材的剪切和冲孔等工作,又称联合剪。

联合冲剪机是在振动剪机械传动原理基础上发展的剪、冲多功能的剪切机械。

联合剪切机是利用往复运动的冲头对被加工的板料进行逐步冲切,以获得所需要轮廓形状的零件。联合剪切机除用于直线、曲线或圆的剪切外,还可以用来冲孔、冲型、冲槽、切口、翻边、成形等工序,用途相当广泛,是一种万能的板材或型材加工机械。联合剪切机除可以用于板材的直线、曲线的剪切外,还可以进行各种型钢的冲切、冲孔的多功能使用。冲剪功能的使用只是更换联合剪上各种类型冲或冲孔胎具就可以解决了。另外,联合剪切机用于板材剪切时,使用机械前部的剪切装置;冲切和冲孔时,使用机械中部的冲切装置,并且要按冲切要求更换不同的胎具。

招式 29　高压水切割

高压水切割都是采用数控进行,分加磨料切割和不加磨料切割。切割面坡口倾斜程度不仅很小,而且切割表面的粗糙度与氧炔焰自动切割不相上下,无切割热变形现象发生,初始切割噪声偏大,正常切割噪声较小,无粉尘发生。曲线切割速度低于直线切割速度。切割速度随着切割厚度的降低而提高。对于不锈钢,随碳含量的降低而提高。高压水切割适用于不锈钢、钛及钛合金等对热敏感及常规切割困难的材料。高压水切割分无磨料切割和加磨料切割,加磨料切割效率高于无磨料切割,但切割间隙增大,切割嘴寿命降低。由于是采用数控,切割大而精度较高,粗糙度高于自动气割。切割的穿孔时间为 28S。切割的最小剩余宽度可达 0.15mm,工艺损失极小。虽然高压水切割是一种无热切割,从道理上讲,不发生变形,但是,实际上,采用高压水切割时,当切割坏料长宽比比较大时,也存在一定的弯曲现象。这是由于被切割的材料内应力的存在所致。

招式 30　机械加工机床切割及切割下料机械安全操作规程

(1)机械加工机床切割一般用于精度要求较高的机械下料和下料毛坯边缘的精度要求较高的加工。

工件精度要求较高的下料一般使用机械机床切割。这些工件加工尺寸和形位精度要求采用一般的加工方式很难满足,一般经下料后,直接进入组装工序进行组装的工件,要求精度较高时,都采用机械加工机床进行切割。

采用机械加工机床进行切割下料的设备一般都是通用机床。刨床和铣床可以进行直线工件的下料;车床可以进行圆和圆弧工件下料;镗床可以进行大型内孔工件的下料等。

工件下料边缘的加工一般都采用专用工装设备进行加工。常用板材下料边缘加工专用设备有铣边机和刨边机等。

专用刨边机的结构是在床身的两端有两根立柱,在两立柱之间连接压料横梁,压料横梁上安置有压紧钢板用的压紧装置。床身的一侧安装齿条与导轨,其上安置进给箱,由电动机带动,沿齿条与导轨进行往复移动。进给箱上刀架可以同时固定两把刨刀,以同方向进行切削;或一把刨刀在前进时工作,另一把刨刀则在反向行程时工作。

刨边机特别适合低合金高强钢、高合金钢、复合钢板及不锈钢等加工。它的特点是,能够加工各种形式的直线坡口,有较好的光洁程度,加工的尺寸准确,不会出现加工硬化和淬硬组织。

如果工件相对固定,安装铣刀的动力在导轨上进行直线往复移动就形成了铣边机。铣边机设备结构较刨边机结构简单,操作方便,应用也比较普遍。

(2)切割下料机械安全操作规程

①操作者对切割机械的构造和使用性能应该认真了解,要熟悉掌握安全装置的作用和完好可靠的要求。

②为保证安全装置安全可靠运行,在开机前首先要检查设备的完好和可靠性,在检查或运行时发现设备安全装置失灵或失效时,应当立刻停车进行调整或检修。

③在正式开车前应进行空载运行试车,无异常现象时才能进入启动。开机前应检查机械设备的电气控制和机械传动系统的运行正常可靠,对转动部位加注润滑油。

④按规定要求检查设备剪切剪刀的间隙和剪刀的夹角、锋利程度必须符合要求,如有问题要及时按规定处理,并按要求调整挡料装置和对正装置。

⑤按要求检查所剪切钢板材质、规格及外形是否符合要求。材料外形不符合要求时应及时矫正或处理。

⑥应指定专人操作指挥,机械开关操作应由专机上岗人员进行操作控制。

⑦在剪切机械运行的中，严禁人体任何部位进入剪切机械危险区域；当机械出现机械卡死或其他紧急故障时应立即停车检修。

⑧操作结束后，要及时清理现场、整理下料工件，关闭电源，锁好电控箱，并做好日常设备维护保养工作。

第三章
20招教你掌握加工成形工艺

ershizhaojiaonizhangwojiagongchengxinggongyi

成形加工是产品实现过程中工艺较为复杂的并且非常重要的工艺过程，直接影响下道工序部件组装和产品总装的质量和工作效率。钣金产品成形加工的工艺手段一般包括剪切、弯曲、拉伸、冲压、机械加工等。材料剪切后一部分形成工件的毛坯，进入成形加工工序按图样要求制成零部件；另一部分剪切精度较高的剪切件为零部件半成品，直接进入工件的组装工序。

钣金产品的成形加工中，工艺先进、合理，操作规范和设备的安全操作对产品质量和工效是十分重要的因素，所以对成形加工工艺应予以充分的重视。利用金属材料的塑性变形和工艺性能的特性，将工件的毛坯按相关技术要求，加工成形为一定的曲率和角度形状工件的过程就是成形加工。钣金成形加工时，钣金工艺技术中的基本工序是零部件的加工。

招式31 成形加工的准备

(1)准备工作

钣金加工成形工艺过程较为复杂，加工成形的质量直接影响部件等组装的质量，所以在工件成形前一定要做好准备工作。

①依据工件图样和相关技术要求做好成形的工艺技术准备工作，在加工前对其成形的图样和相关技术要求进行审核，了解工件的材料、加工要求等，进而确定经济合理的加工成形的工艺、工装、机具和样板等。

②确定成形的工艺和工装机具，根据实际情况选择先进合理和经济实用的工艺工装，确保工件成形的质量符合要求。

(2)毛坯工件的质量检查

在成形加工前，必须对毛坯工件的质量进行检查验收。主要包括以下两个方面：

①检查工件毛坯材料的规格和尺寸、形位公差等符合技术要求，同时对样板的检查验收和各种加工余量的留量，应保证成形加工后二次划线等工艺加工要求。

②在工件毛坯下料时，应检查下料毛坯的变形缺陷，并采取不同的方法进行矫正处理。变形缺陷往往会影响成形加工的顺利进行和工件成形后的质量。

(3)成形前的预加工

工件毛坯经过下料后,在进入加工成形前一般要进行预加工。毛坯的预加工主要为边缘加工、孔加工或边角修整等,这些预加工项目如果在工件成形加工后进行是很困难的。如弯曲成圆筒工件的焊接坡口,在弯曲成形前进行焊接坡口的预加工,能确保质量并能提高工效。工件弯曲成形前焊接坡口的预加工一般采取机械加工和气割加工两种方法。

焊接坡口的机械预加工。圆筒工件的纵缝和环缝的焊接坡口一般选择刨边机或铣边机进行加工,加工一般在筒节下料后、卷制前完成,这样可以减少加工难度,保证其加工质量。对于板厚大于50mm或小直径筒状受压组件,也可以卷制成形加工后在立车上加工焊接坡口。焊接坡口的机械加工质量好,不用打磨处理。对于不宜采用热切割材料的受压组件,坡口应用非常广泛。

压力容器焊缝坡口在下列情况下可选择机械加工坡口:允许冷卷成形的纵环缝、封头坯料拼接;不锈钢、有色金属及复合板的纵环缝;坡口形式不允许用气割方法制备的或坡口尺寸较精确的,如U型坡口、窄间隙坡口;其他不适宜采用热切割方法制备的坡口,如低合金高强度材料等。

刨边机加工坡口与金属切削一样。刨边机长度一般为3~15m,加工厚度能达到100mm。工件可采用气动、液压、螺旋压紧等方式夹持固定。刨边机切削前进与回程都可进行,这类刨边机生产效率高,将刨边机刀架改成铣削刀盘就成铣边机了。

(3)焊接坡口的气割预加工。采用气割方法进行工件焊接坡口的预加工,使用效率高,比较经济。切割坡口时,通常是将分离切割与坡口制备合并一步完成的。在半自动或自动切割机上做双嘴或三嘴切割时,生产率成倍提高。

除了广泛采用半自动切割并配置高速割嘴外,为了进一步提高火焰切割坡口的生产率,满足工艺技术要求,目前普遍选择多功能先进的自动切割设备。例如数控自动火焰气体切割机等。

招式32 管材的弯曲成形

管材弯曲工艺是随着汽车、摩托车、自行车、石油化工等行业的兴起而发展起来的,管材弯曲常用的方法按弯曲方式可分为绕弯、推弯、压弯和滚弯;按弯曲加热与否可分为冷弯和热弯;按弯曲时有无填料(或芯棒)又可分为有芯弯管和无芯弯管。

管材是结构特殊的金属型材。管材一般是指中空、薄壁和外形为圆形或其他形状(方形或长方形等)的金属材料。因为管材的结构特点,所以在对它进行弯曲加工时有很大难度,并且相对在钣金工件加工成形的工艺技术方面是一种较为复杂的加工过程。

(1)管材弯曲成形时结构变形特点

管材弯曲时,变形区的外侧材料受切向拉伸而伸长,内侧材料受到切向压缩而缩短,由于切向应力及应变沿着管材断面的分布是连续的,可设想为与板材弯曲相似,外侧的拉伸区过渡到内侧的压缩区,在其交界处存在着中性层,为简化分析和计算,通常认为中性层与管材断面的中心层重合。

管材的弯曲变形程度,取决于相对弯曲半径和相对厚度的数值大小,相对弯曲半径和相对厚度值越小,表示弯曲变形程度越大,弯曲中性层的外侧管壁会产生过度变薄,甚至导致破裂;最内侧管壁将增厚,甚至失稳起皱。同时,随着变形程度的增加,断面畸变(扁化)也愈加严重。因此,为保证管材的成形质量,必须控制变形程度在许可的范围内。管材弯曲的允许变形程度,称为弯曲成形极限。管材的弯曲成形极限不仅取决于材料的力学性能及弯曲方法,而且还应考虑管件的使用要求。

对于一般用途的弯曲件,只要求管材弯曲变形区外侧断面上离中性层最远的位置,所产生的最大伸长,应变不致超过材料塑性所允许的极限值,作为定义成形极限的条件。即以管件弯曲变形区外侧的外表层保证不裂的情况下,能弯成零件的内侧的极限弯曲半径,作为管件弯曲的成形极限。极限弯曲半径与材料力学性能、管件结构尺寸、弯曲加工方法等因素有关。

管材在弯曲成形时,由于材料是中空结构的,所以在弯曲时的变形特点是:管材在受外力矩作用下弯曲时,靠中性层外侧的材料受到拉应力作用,使管壁减薄,内侧的材料受到压应力作用,使管壁增厚,内侧压应力的合力向上,管子的横断面在受压情况下会发生畸变。

管子在自由状态弯曲时,断面会变成椭圆形,如管壁较厚,用带半圆形槽模具弯曲时,椭圆度会相应减少。

管子弯曲时的变形程度取决于相对弯曲半径和相对壁厚的值。相对壁厚是指管子壁厚与管子外径之比。弯管椭圆度越大,管壁外层的减薄量也越大,因此弯管椭圆度,常用来作为检验弯管质量的一项重要指标。

在管材弯曲加工的过程中,应注意尽量减少管材的椭圆度。椭圆度是衡量管材弯曲是否符合要求的重要检验标准。管材其他变形缺陷还有弯曲的角度及形状(曲率半径)等。

管材弯曲加工的方法有手工加工和机械加工等。手工加工方法主要是热加工方式的弯曲加工;机械加工的方法主要是冷加工方式的弯曲加工。机械加工主要加工形式有压弯和回弯等。不论何种形式进行管材的弯曲成形,都应尽量减少管材加工后的椭圆度,使其符合要求,因为椭圆度不符合要求,成为变形缺陷后矫正的方法和效果都会极不理想,甚至可以说基本不能达到满意的矫正效果,甚至造成废品。

(2)管材在弯曲成形中产生的结构变形缺陷主要有:

①管材在自由状态弯曲时,断面形成椭圆形,其变形量称为椭圆度;

②管材弯曲角度和曲率半径不符合要求;

③管材弯曲相对位置不符合要求;

④管材弯曲内径起皱或外径裂纹等;

⑤其他:弯制过程中产生的划伤、鼓包等缺陷。

(3)管材截面形状畸变及其防止

根据管材在弯曲成形过程中结构变形的特点和常见弯曲变形的质量缺陷,在管材弯曲成形时必须要采取相应的技术措施和工艺手段有的放矢地对质量进行控制,对常见的质量缺陷进行防治,确保管材弯曲成形的工序质量。

管材弯曲时,难免产生截面形状的畸变,在中性层外侧的材料受切向拉伸应力,使管壁减薄;中性层内侧的材料受切向压缩应力,使管壁增厚。因位于弯曲变形区最外侧和最内侧的材料受切向应力最大,故其管壁厚度的变化也最大。在有填充物或芯棒的弯曲中,截面基本上能保持圆形,但壁厚产生了变化,在无支撑的自由弯曲中,不论是内沿还是外侧圆管截面变成了椭圆,且当弯曲变形程度变大(即弯曲半径减小)时,内沿由于失稳起皱;方管在有支撑的弯曲中,截面变成梯形。

截面形状的畸变可能引起断面面积的减小,增大流体流动的阻力,也会影响管件在结构中的功能效果。因此,在管件的弯曲加工中,必须采取措施将畸变量控制在要求的范围内。

(4)减小管材厚度变薄的措施有:

①降低中性层外侧产生拉伸变形部位拉应力的数值。例如采取电阻局部加热的方法,降低中性层内侧金属材料的变形抗力,使变形更多地集中在受

压部分,达到降低受拉部分应力水平的目的。

② 改变变形区的应力状态,增加压应力的成分。例如改绕弯为推弯,可以大幅度地从根本上克服管壁过渡变薄的缺陷。

招式 33 管材手工弯曲成形

管材手工弯曲成形是传统的管材弯曲成形的方法。这种方法只能在小批量,或无专用管材弯曲机械时采用。手工管材弯曲成形生产效率低、质量控制难度和劳动强度大,在大型专业生产中很少会采用,但是在生产设备条件较差的小型生产企业和小批量或有维修需要时还予以应用。

(1)管材手工弯曲成形由于生产工艺条件所限,其弯制的管材质量难以控制、劳动强度较大(热加工、手工操作)、工效低(每次只能手工加工一件)、材料损耗大(弯制后调整齐头造成废弃管头)的弊病十分显著。

为了防止管材手工弯曲成形的工艺过程中,出现管材椭圆度超差的质量缺陷,所以在加工中严格按要求操作。具体要求是:

①管材弯曲成形的模具应符合图样要求并力求简单实用;

②管材毛坯灌砂时,砂石应含水率低,保持干燥,并敲击密实,两端封堵牢靠,以防弯管时出现椭圆变形;

③管材在加热时应温度适宜、均匀,并保温一段时间,以保证弯管均匀,不出现过弯或不贴附胎;

④管材毛坯在煨管模具上弯制时,应注意在弯制过程中要保证管材贴附模具,并将贴附部位及时用水冷却,以防止过弯变形缺陷产生。

⑤管材煨制弯曲后,及时用样板或地样对照并调矫符合要求。

(2)管材手工弯曲成形的工艺技术中,质量控制的主要关键是:

①灌砂要求砂粒级配合理、干燥、含水率低,并且用手锤敲击密实;

②管材毛坯均匀加热后,在模具上弯制方法合理,特别是弯制管壁贴胎时,应及时用冷水降温冷却,防止过弯造成弯曲角度和曲率半径出现偏差;

③弯管模具设计合理实用,并由卡马牢固固定在工作平台上;

④加热温度均匀、适中,保温一段时间提高塑性,以免裂纹和起皱现象发生。

管材手工弯曲成形设备工装模具成本低,能经济合理、简单实用地解决钣金管材弯曲加工的关键问题,必要时应予以采用。

招式 34 管材机械弯曲成形

随着大批量和高精度的管材弯曲成形的需求,管材手工弯曲成形工艺技术的质量和工效已不能满足,各种类型和原理的弯管成形机械应运而生。

机械弯管成形常用的方法有压弯、滚弯、回弯和挤弯四种。压弯分为简单压弯和带矫正压弯两种,滚弯是在卷板机或型钢弯曲机上。用带槽滚轮进行弯曲。回弯是在立式或卧式弯管机上弯曲,分碾压式和拉拔式两种,挤弯是在压力机或专用推挤机上弯曲,它分型模式和芯棒式两种。型模式挤弯一般采用冷挤,芯棒式挤弯一般采用热挤。

机械弯管成形按工艺方法分为顶压法、滚压法和拨转法。

(1)顶压法。一般使用设备是油压顶弯机或压力机。这种方法对胎具的U形槽有严格的要求。操作时,将管子放在带U形槽的胎具之间,以压力机或顶弯机为压动力,向管子施压并同时保证弯曲的弧度符合要求。

顶压法弯曲管子费工又难保证弯管质量,特别是曲率半径小的弯管顶弯时容易出现椭圆超差现象。这种方法只适应曲率半径较大的小管的弯曲加工,一般精度要求高、小曲率半径的弯管不采用这种办法。

(2)滚压法。管子滚压弯制,一般在卷板机和专用滚弯机上完成,管子滚压制弯时,使用三个轮的截面与顶压法U槽相同,只是滚压使用三个槽轮完成。滚压法可以连续弯管,提高工效,保证质量,这是弯管工艺中经常采取的方法。

滚压法因为在卷板机和专用滚弯机上完成,可以适当调节顶压力并可以通过滚动弯曲管材,所以能适应各种较大曲率半径的弯管工艺要求,但是要根据各种管材的直径变换相应的三个滚压槽轮。

(3)拨转法。大直径管子弯曲曲率半径较小时,只能使用专用弯管机利用拨转法进行弯管。

专用弯管机主动力源为电机,通过蜗轮减速机减速传动主动轮轴转动。夹紧(弯管)机械分转动夹紧和固定加紧。转动夹紧随同主动轮轴一起转动。轮轴和夹紧轮都有以弯管外径尺寸为短轴的椭圆轮槽,防止弯管过程中造成管子弯扁或出现较大波纹。管子在弯制前应先选择符合弯管直径和弯曲曲率半径的胎轮(即主动轮轴和两个夹紧功能的夹紧轮),安装调试后将转动夹紧和固定夹紧并在一起,将弯制管子夹紧在与主动轮轴之间;开启电源使主动轮轴和转动夹紧共同转动,夹紧管子弯曲并且从固定夹紧部位拔出,弯制出符合要求的弯制管子。

为了避免弯管造成弯偏或出现波纹,要在固定夹紧弯管起始位置在管内安装一个弯管心轴。常用弯管心轴有椭圆头型、轴节型和软轴型三种形式。一般采用椭圆头心轴的较多。心轴的位置尺寸需通过试弯确定。弯管时,管内外需涂油润滑或采用喷油心轴。

有时也可以用填料代替心轴。填料装入管内必须进行夯实封牢,使其在管内不易窜动,起到阻止变形的作用。填料的种类有石英砂、低熔点合金、树脂橡胶、压力液体等。

利用拨转法的专用弯管机种类繁多、功能齐全。利用拨转法在管材的弯曲成形时,由于管材的规格尺寸、材质等原因,冷弯难以获得优质弯头时,应选择热弯。在弯管机上一般采用中频感应加热和火焰加热两种方式。热弯时加热应缓慢均匀热透,不锈钢管加热应避免渗碳。对淬热倾向较大的合金钢管则不得浇水冷却。采用中频感应加热和火焰加热弯管是一种加热、弯曲、冷却连续进行的弯管过程,即在弯管机上先对管子进行局部环形加热至900℃左右,随即对加热部位进行弯曲,并及时将弯曲成形的部位浇水冷却。管子利用中频感应和火焰加热解决了大直径厚壁钢管的弯制工艺难题,现基本在弯管加工中广泛采用。

招式 35 型钢弯曲成形

型钢是一种有一定截面形状和尺寸的条型钢材。按照钢的冶炼质量不同,型钢分为普通型钢和优质型钢。普通型钢按现行金属产品目录又分为大型型钢、中型型钢、小型型钢。普通型钢按其断面形状又可分为工字钢、槽钢、角钢、圆钢等。

大型型钢:大型型钢中工字钢、槽钢、角钢、扁钢都是热轧的,圆钢、方钢、六角钢除热轧外,还有锻制、冷拉等。工字钢、槽钢、角钢广泛应用于工业建筑和金属结构,如厂房、桥梁、船舶、农机车辆制造、输电铁塔、运输机械,往往配合使用。扁钢在建筑工和中用作桥梁、房架、栅栏、输电船舶、车辆等。圆钢、方钢用作各种机械零件、农机配件、工具等。

中型型钢:中型型钢中工、槽、角、圆、扁钢用途与大型型钢相似。

小型型钢:小型型钢中角、圆、方、扁钢加工和用途与大型相似,小直径圆钢常用作建筑钢筋。

(1)型钢弯曲变形的特点

由于型钢(包括角钢和槽钢)的结构不对称性,在弯曲时,重心线的外力作用线不在同一平面上,造成形钢除受弯曲力矩外,还要受到转矩的作用,使型钢断面结构发生畸变。由于型钢弯曲时材料外层受拉应力,材料内层受压应力,所以在压应力的作用下,易出现皱折变形;在拉应力作用下,易出现翘曲变形。

型钢弯曲变形的结构畸变程度决定弯曲应力的大小和弯曲半径。弯曲应力越大,弯曲半径越小,产生畸变程度越大。为了控制弯曲应力和结构变形,规定了各种型钢弯曲的最小弯曲半径。由于型钢热弯时的塑性增加,其所需弯曲应力减小,所以热弯时规定的最小弯曲半径相对冷弯时要小。型钢为了避免弯曲变形造成结构极大的畸变,所以要求工件弯曲加工时,弯曲半径应大于规定的最小弯曲半径。

(2)型钢弯曲成形的方法

型钢弯曲成形的方法一般有手工弯曲和机械弯曲两种。机械弯曲包括卷弯、回弯、压弯和拉弯四种。

①型钢手工弯曲成形。型钢手工弯曲成形的方法较为简单,与钢管弯曲方法大致相同。其操作一般是在钢制工作平台上进行。弯制工艺过程是:按要求设计和制作弯曲胎具;型钢毛坯加热(900℃左右);均匀加热后放置在胎具上弯制;按弯制样板或在地样上调矫和齐头。

型钢弯曲时发生的结构畸变现象主要发生在弯制的过程中,在型钢手工弯制时应注意:型钢毛坯加热温度均匀;弯制过程中出现畸变初期,应暂停用力,应用锤击矫正畸变后继续用力弯制。弯制时型钢弯曲部位贴胎(证实弯曲半径已符合要求),及时用水冷却以防止过弯;弯制后及时按样板进行调矫至符合要求。

型钢手工弯制的特点是简单实用,在小批量或无专用设备条件下可以采用。缺点是工艺落后、劳动强度大、质量和效率差。

②型钢机械弯曲成形。型钢机械弯曲成形的方法一般有卷弯、压弯和回

弯等方法。

卷弯可在专用的型钢弯曲机上进行,也可以在三辊卷板机上进行。型钢卷弯机的卷弯机理是:型钢弯曲机为弧线下调式型材卷弯机,机器的两个边辊为主传动辊,也可以三个工作辊为主传动辊,上辊位置固定,两个边辊围绕固定回转中心作弧线升降动动,液压控制,位移液晶显示,有利于控制型材成形过程,两侧高有托辊装置,有利于保证非对称截面型材的卷制质量。

型钢回转弯曲成形是在与弯管机相似的专用机上进行。回转弯曲成形时,先将型钢固定在弯曲模具上,模具转动后型钢沿模具曲率半径发生弯曲成形。

型钢的弯曲成形一般采用卷弯和压弯的方法完成,因为这种工艺方法在型钢机械弯曲成形时,弯曲的曲率半径是靠调节辊轮完成的,并且防止弯曲变形缺陷可以由模具进行控制,所以弯制的型钢工件质量好、工效高,使用于大批量各种类型规格型钢的弯曲成形。

型钢的机械弯曲成形一般采取冷加工方式进行。为了提高大型型钢的塑性,在准确掌握加热温度和均匀性的前提下,可加热以便于机械弯曲成形。

型钢在弯曲成形时,应经常使用弯曲成形样板对其弯曲加工变形进行对照,使其符合要求,以防造成过弯质量缺陷。

型钢弯曲变形时应重视以下几个问题:

①型钢弯曲热加工时,操作者应佩戴好安全防护用品,按安全操作规范进行操作,严防火灾和其他安全伤害事故发生。

②为确保弯曲加工质量,型钢弯曲时应先做试加工,试加工成功后再进行大批量生产。

③应保证专用加工机械的完好性,发现机械故障应及时检修。

④型钢弯曲的模具应符合图样和型钢规格型号的要求。

⑤型钢弯曲过程中发现加工变形缺陷应及时矫正和修整。

⑥操作结束后及时清理施工现场。热加工消除火源;机械加工停机断电,预防发生安全事故。

招式 36 卷板机工作原理及工艺过程

板材的弯曲成形一般是在卷板机(也称滚圆机)上进行,也称卷板。卷板的工件主要有圆柱面、圆锥面和不同曲率的柱面等。卷板弯曲成形是板材弯曲成形的主要手段。卷制成形是将钢板放在卷板机上进行滚卷成筒节或各种曲面,其优点为:成形连续,操作简便、快速、均匀,并且质量较好。

(1)卷板机的工作原理和分类

卷板机是对板料进行连续点弯曲的塑形机床。卷板机上辊在两下辊中央对称位置通过液压缸内的液压油作用于活塞作垂直升降运动,通过主减速机的末级齿轮带动两下辊齿轮啮合作旋转运动,为卷制板材提供扭矩。卷板机规格平整的塑性金属板通过卷板机的三根工作辊 (二根下辊、一根上辊)之间,借助上辊的下压及下辊的旋转运动,使金属板经过多道次连续弯曲,产生永久性的塑性变形,卷制成所需要的圆筒、锥筒或它们的一部分。该液压式三辊卷板机缺点是板材端部需借助其他设备进行预弯。该卷板机适用于卷板厚度在 50mm 以上的大型卷板机,两下辊下部增加了一排固定托辊,缩短两下辊跨距,从而提高卷制工件精度及机器整体性能。

卷板机由于使用的领域不同,种类也就不同。从辊数上分三辊卷板机和四辊卷板机。三辊又分对称式三辊卷板机,水平下调式三辊卷板机,弧线下调式卷板机,上辊万能式三辊卷板机。从传动上分机械式和液压式。从卷板机的发展上说,上辊万能式最落后,水平下调式略先进,弧线下调式最高级。

(2)卷板工艺过程

卷板工艺过程是由预弯、对中、卷制和矫组四个过程组成。根据卷板机工作原理,主要是指三辊(对称式)卷板机卷板工艺过程。四辊卷板机和不对称三辊卷板机卷板时可以不利用模具直接在卷板机上完成预弯。

(1)预弯。板料在卷板机上弯曲时,两端边缘总有剩余直边。由于剩余直边在矫圆时难以完全消除,并造成较大的焊缝应力和设备负荷,容易产生质量和设备事故,所以一般应对板料进行预弯,使剩余直边弯曲到所需的曲率半径后再卷弯。

预弯可在三辊、四辊卷板机或水压机上进行。

①当预弯板厚不超过24mm 的情况下,可用预先弯好的一块钢板作为弯

曲模板,其厚度应大于卷制预弯板材板厚的两倍,宽度也应比板略宽一些,将弯模放人上下辊筒之中,板料置于弯模上,压下上辊并使弯模来回滚动,使板料两边缘达到所需要的半径。

在弯模上加一块楔形垫板的方法也能进行预弯,压下上辊即可使板边弯曲,然后随同弯模一起滚弯。在无弯模的情况下,可以取一平板,其厚度应大于板厚的两倍,在平板上放置一楔形垫板,板边置于垫板上,压下上辊使边缘弯曲。对于较薄的钢板,可直接在卷板机上用垫板弯曲。

采用弯模预弯时,必须控制弯曲功率不超过设备能力的60%,操作时应严格控制上辊的压下量,以防过载损坏设备。

②在四辊筒卷板机上预弯时,将板料的边缘置于上下辊间并压紧,然后调节侧辊使板料边缘弯曲。

在不对称式三辊卷板机上预弯时先预弯一头然后进行调头,才能完成另一侧板边预弯的工作。

板料在卷板前预弯也能在压力机上采用模具预弯的方法。模具的结构相似于调直矫正的模具或冲弯成形模具,可以通过压力机压头将钢板侧边冲压预弯。

无论采取任何不同的方法对卷板的板边进行预弯,在弯制的过程中要经常用弯曲弧度样板进行检测,以免预弯过度后造成不合格时还要进行矫正处理。

(2)对中。滚弯时,为防止产生歪扭,造成卷圆对口错边,应将板料对中,使板料的横向素线与辊筒轴线保持严格的平行。

对中的方法主要有:在四辊卷板机上对中时,调节侧辊,使板边紧靠侧辊对准;在三辊卷板机上利用挡板,使板边靠紧挡板也能对中;也可将板料抬起使板边靠紧侧辊,然后再放平,把板料对准侧辊的直边也能进行对中;此外也可以从辊筒的中间位置用视线来观察上辊的外形与板边是否平行来对中;上辊与侧辊是否与板料侧边平行也可以用视线来检验并加以调整,这种对中方法简单易行。

(3)卷制。在钢板预弯并在卷板机上对中定位后,就可以开始卷制工作。卷制一般包括圆柱面、圆锥面和不同曲率柱面的卷制。下面简单介绍卷制方法。

①圆柱面的卷制 将板料位置对中后,一般采用多次进行滚弯,调节上

辊,逐步压下上辊并来回滚动,使板料的曲率半径逐渐减小直至达到规定的要求,在卷弯过程中,应不断地用样板检验弯板两端的曲率半径。卷弯半圆(瓦片)时也应卸载后测验量其曲率。

②圆锥面的卷制

圆锥面的卷制时,对于三辊卷板机只要使上辊与下辊的中心线调节成倾斜位置,同时使辊压线始终与扇形坯料的母线重合就能卷成圆锥面。

圆锥面的卷弯过程与圆柱面相似,也是先预弯、后卷弯。圆锥面的卷弯方法通常有分区卷制法、矩形送料法、旋转送料法和小口减速法等几种,其中分区卷制法比较实用。

分区卷制法是将圆锥面的扇形坯料的母线(放射性素线)分成若干区进行卷制。卷制时应将压辊始终保持与母线重合,卷制1个区域可以重新调整确保卷制质量。

在圆锥面卷制时,应先做好大口和小口两个样板,经常进行边卷制边对照,可以保证质量符合要求。

③不同曲率柱面的卷制

对于曲率半径变化的柱面,也可以在卷板机上卷制。这种柱面是按半径的大小不同,采用升降辊筒的方法,以调节钢板的各种不同的弯曲程度,依次逐段滚弯,将整个钢板弯曲到所需要的形状。滚弯过程中,各段分别用样板检验。为了保证卷制符合要求,可在板料毛坯上划出各不同曲率半径柱面的界线,以便清楚不同曲率半径的界限,按照不同曲率半径的要求卷制,这是保证不同曲率半径柱面卷制质量的简单实用的方法。

④矫圆组对

圆筒卷弯焊接后会发生焊后变形,所以必须进行矫圆。矫圆分加载、滚圆和卸载三个步骤。先根据经验或计算,将上辊筒调节到重要的最大矫正曲率的位置,使板料受弯。板料在卷板机辊筒的矫正曲率下来回滚卷1~2圈,着重在滚卷焊缝区附近卡样板检查,使整圈曲率均匀一致,然后在滚卷的同时,逐渐退回辊筒,使工件在逐渐减少矫正载荷下多次滚卷至要求,也可用手矫圆。圆锥面的卷弯过程与圆柱面制作工艺相似。

卷板后矫圆有两个作用,一是卷制后只有进行矫圆才能达到要求,对接圆筒纵缝接口,无错边缺陷,进行组对;二是在纵缝定位点焊后,矫圆消除环缝口的变形不均所造成的曲率半径不同,以保证环缝对接质量。

招式 37 卷板质量缺陷及防治

卷板的质量缺陷包括外形缺陷、表面压痕和卷裂等三个方面。

(1)外形缺陷

卷弯圆柱形筒体时外形出现过弯、锥形、束腰、边缘歪斜和棱角等现象时应及时处理。过弯是由于上辊(三辊筒卷板机)或侧辊(四辊卷板机)的调节距离过大,使筒节对接的两边缘重叠起来。用大锤进行调矫可捶击筒身的边缘(只存在过弯缺陷的部位)使直径扩展,过弯就可以消除。

锥形缺陷是由于上辊或侧辊两端的调节量不一致,使上下辊的中心线不平行而产生的。为了防止这种缺陷,应将上下辊筒在卷圆前调节平行,在卷圆的过程中应经常使用样板,在整个筒身长度上检验其曲率半径是否相同,如有不同时,应在曲率半径大的一端增加滚筒的进给量。

鼓形缺陷是在卷板时,由于辊筒刚性不足发生弯曲所致,为防止辊筒的弯曲,可在辊筒中间部分设置支撑以增加滚筒强度支承辊筒。由此也可证明卷板机辊筒刚度不足,应采取长久补救措施。

束腰是由于上辊下压力或下辊的顶力太大,使辊筒发生反向弯曲而造成的。

歪斜是由于坯料进料时,没有对中,或坯料不是矩形。在热弯时沿辊轴受力不均,也会使钢板局部轧薄,造成歪斜缺陷。

棱角是由于预弯不准而造成,当预弯不足时造成外棱角,预弯过大时造成内棱角,统称为棱角度。

卷板的质量缺陷,特别是外形缺陷,主要按上述措施进行预防。预防措施是在多年实践经验中总结出来的工艺技术,在卷板成形加工的过程中应加强管理,根据工艺规程要求实施相关预防措施,减免质量缺陷的发生。

关于卷筒出现焊缝接口棱角度的变形缺陷,将会给筒体环缝对接组装造成极大的困难和质量缺陷。

②表面压伤

钢板或辊筒表面的氧化皮及粘附的杂质会造成板料表面压伤。尤其在热卷或热矫圆时,氧化皮与杂质的危害更为严重。这就需要注意:在卷板前,必须清除板料表面的氧化皮;卷板设备必须保持干净, 辊筒表面不得有锈、毛刺、棱角或其他硬性颗料;在卷板时应不断地吹扫内外侧剥落的氧化皮;矫圆时应尽量减少反转次数等。

③卷裂

板料在卷板时,由于变形太大,材料的冷作硬化以及应力集中等因素都有使材料的塑性变坏而造成裂纹。为了防止卷裂的产生,主要的方法有:采取限制变形率,钢板进行正火处理;对缺口敏感性大的钢材,最好将材料预热到150~200℃后卷制;板料的纤维方向与弯曲线垂直,拼接焊缝需经修磨等措施。

圆筒使用卷板机卷制弯曲成形时还应注意以下几点工艺要求。

①卷制前应清除钢板上的焊瘤和杂物,以免造成卷板机的损害。

②筒体卷制前必须采取措施对端头预弯。如果卷圆后再做或是在卷板机上完成,将不易完成。

③筒体钢板进入卷板机时应先对正,即钢板端边与卷板机主轴轴线平行,这样才能保证卷板后组对断面纵焊缝不错口。

④筒体卷制前应按图样要求制作筒体内口样板,边卷边对照,能顺利保证质量,完成卷制工作。

⑤筒体卷制中应遵守相关安全操作规程,保证安全生产。

招式38 板材手工弯曲成形

板材弯曲除利用卷板机完成外,小工件或单件生产也可以利用手工弯曲成形的方法完成。

(1)利用垫铁和锤击。垫铁是具有间断支撑的工具,垫铁在钣金中可以作调直、弯曲(机械和手工弯曲)和卷板预弯的辅助工作胎具。

钢板弯曲时可将板料毛坯放在垫铁上。手工弯曲时用大锤锤击弧形锤,按弯曲面素线均匀击打板材,并要求用弧形样检验其弯曲度是否符合要求。用这种工具和方法也可以矫正钢材的弯曲变形。该手工弯曲板材的方法,只能用在无卷板机,并且单件生产小型钢材的弯曲成形工件时。

钢板手工弯曲成形时应注意:a.先将钢板两端头按样板进行预弯;b.在用弧形锤击时,应按弯曲的素线(包括锥面弯曲)均匀进行锤击,以保证弯曲变形的质量;c.在锤击弯曲过程中,应用样板检测弯曲符合要求后逐渐移动钢板工件;d.成形后应在平台的地样上检查弯曲角度和弧度是否符合要求;e.用锤击和其他工具时应注意符合安全要求。

(2)手工弯曲。手工弯曲分冷弯和热弯。

①冷弯

钢板较薄、宽度不大时,可以手工冷弯。手工冷弯应按要求先做弯弧胎具,内侧弯曲半径应大于两倍板厚,在冷作弯曲后使零件外侧不得有裂纹。弯曲毛坯件可卡在手工弯曲模具上,用力弯曲使钢板和胎具相贴严密,完成弯曲。

②热弯

当冷弯用力过大时,可以先将钢板坯料加热后,应用弧形胎具弯曲。热弯时应注意当钢板与胎具弯曲贴严密时应及时用水冷却,以防过弯变形。手工弯曲只能弯曲薄钢板的小工件。如果批量生产,应采用机械弯制或机械冲压的方法完成。

招式39 板材冲压弯曲成形

板材弯曲成形,除采用卷板机卷制成形或手工成形外,还可以采用机械冲压弯曲成形的方法来完成,简称为机械冲弯。

板材冲压是金属板带在压力机的模具上冲压成各种零件的金属塑性加工方法。一般冲裁件的板料厚度在 10mm 以下,成形件厚度在 20mm 以下。对镍铬钢、钛合金和镁合金等材料,有时为了减少变形抗力,也采用热冲压。板材冲压的生产率高,可实现机械化、自动化;大批量生产时成本低,产品精度高。板材冲压有剪切、冲裁、弯曲和拉伸等加工方式。板料的冲压性能用拉伸、硬度、金相、杯突、冷弯等试验测定。冲压前,除了提供板料的屈服强度、抗拉强度、延伸率等数值以外,还应提供应变硬化、厚度和平面各向异性等数值。不同的加工方式对以上数值应有不同的要求,以便取得最好的冲压效果。

机械冲弯可分为冷冲弯和热冲弯两种方式。冷冲弯和热冲弯都是利用压力机(或冲床)的压力将特制胎具之间的板材冲压弯曲成形,主要区别是冷冲压板材是在常温下进行冲压;热冲压板材是在加热状态下进行冲压。

(1)冷冲压弯曲成形。卷板端头在压力机上预弯就是冷冲压弯曲的过程。冷冲压弯曲的模具一般分为上下两部分,在冲压弯曲过程中将板材下料的毛坯按定位要求摆放在冲弯模具的下胎上,利用压力机的压力冲压模具的上胎使其弯曲成形。机械冷冲弯方法简单、生产率高,批量生产或生产线上常采用。采用冷冲弯时应充分注意冲压模具的设计要符合要求。

(2)热冲压弯曲成形。在冷冲压弯曲时,如果需冲压力较大或弯曲形状较为复杂时,一般采取工件毛坯加热后进行冲压,即为热冲压。热冲弯曲相对比较省力,并且工件冲压后无反弹现象,但是热冲压需要将工件毛坯进行加热,提高了生产成本。

热冲弯成形工件的生产实例很多,例如在压力容器的制造中,小直径厚壁热水管分两半弯曲,成形后组对焊接工艺过程中,其弯曲成形一般采用热冲弯的工艺方法完成。热冲压弯曲成形工件质量有保证,生产效率也很高,在生产实际中经常采用。

招式 40　折弯机和压力机

(1)折弯机分为手动折弯机、液压折弯机和数控折弯机。液压折弯机按同步方式又可分为:扭轴同步、机液同步和电液同步。按运动方式又可分为:上动式、下动式。包括支架、工作台和夹紧板,工作台置于支架上,工作台由底座和压板构成,底座通过铰链与夹紧板相连,底座由座壳、线圈和盖板组成,线圈置于座壳的凹陷内,凹陷顶部覆有盖板。

使用时由导线对线圈通电,通电后对压板产生引力,从而实现对压板和底座之间薄板的夹持。由于采用了电磁力夹持,使得压板可以做成多种工件要求,而且可对有侧壁的工件进行加工。折弯机可以通过更换折弯机模具,从而满足各种工件的需求。

使用折弯机应注意安全:启动前须认真检查电机、开关、线路和接地是否正常和牢固,检查设备各操纵部位,按钮是否处在正确位置;检查上下模的重合度和坚固性;检查各定位装置是否符合被加工的要求;在上滑板和各定位轴均未在原点的状态时,运行回原点程序;设备启动后空运转 1~2 分钟,上滑板满行程运动 2~3 次,如发现有不正常声音或有故障时应立即停车,将故障排除,一切正常后方可工作;工作时应由 1 人统一指挥,使操作人员与送料压制人员密切配合,确保配合人员均在安全位置方准发出折弯信号;板料折弯时必须压实,以防在折弯时板料翘起伤人;调板料压模时必须切断电源,停止运转后进行;在改变可变下模的开口时,不允许有任何料与下模接触;机床工作时,机床后部不允许站人;严禁单独在一端处压折板料;运转时发现工件或模具不正,应停车校正,严禁运转中用手校正以防伤手;禁止折超厚的铁板或淬过火的钢板、高级合金钢、方钢和超过板料折弯机性能的板料,以免损坏机床;经常检查上、下模具的重合度;压力表的指示是否符合规定;发生异常立即停机,检查原因并及时排除;关机前,要在两侧油缸下方的下模上放置木块将上滑板下降到木块上;先退出控制系统程序,后切断电源。

(2)压力机

压力机是钣金作业中冲压成形的主要专用设备。

压力机是对材料进行压力加工的机床,通过对坯件施加强大的压力使其发生变形和断裂来加工成零件。包括液压传动和机械传动的压力机。

常用的液压传动压力机又分水压机和油压机两种。压力机主要作用于冲压工件的冲压成形,还用于钢材的压弯调矫等其他成形工艺。机械传动式压力机一般额定工作压力在50t以下;额定工作压力大于50t时,大都采用液压机。

压力机主要构成有:机架(包括架体、工作台和立柱导轨等)、传动系统(电机、油泵、油缸及管路附件)及工作压头等。压力机的工作原理是:利用压力机工作压头的冲压力及冲压模具的共同作用,使工件在压力机工作压头和模具之间按设计要求完成工件冲压成形。冲压过程是钢材压延的过程。

压力容器封头的冲压过程属于压延过程。在冲压过程中,材料产生了复杂的变形,而且在工件不同的部位有着不同的应力应变状态。

加热后的毛坯钢板放在下冲模上,并与下冲模对中,用卡马将上、下冲模卡住。开动水压机,直至上冲模降到与毛坯钢板平面接触,然后加压,钢板便发生变形。随着上冲模的下压,毛坯钢板就包在上冲模上,并通过压环,此时,封头完成冲压成形。由于材料的冷却收缩,使之紧包在上冲模上,需用特殊的脱件装置使封头与上冲模脱离。常用的脱件装置是滑块,将滑块推入压住封头边缘,待上冲模提升时,封头被滑块挡住,便从上冲模上脱落下来,完成了冲压过程。

操作压力机时,应注意安全规程:

a、设备操作人员应经培训考核持证上岗。操作人员应熟悉本设备的型号、性能、结构特点及操作程序,并应详细阅读使用说明书。

b、设备在使用前应检查液压油标高是否符合要求,对滑块等部位进行润滑,并按程序开始进行空载试车运行。检查各部无异常现象后才能正式投入使用。

c、安装压活胎模时应将模具间隙、滑块行程和偏心位置等各方面进行全面详细的考核。压活胎模安装后应试车检查无误后才能投料压形。

d、该设备一般是多人操作,应以持证操作者为主,负责协调一致,按程序进行操作,严禁超载和超限偏心运行。

e、该设备在运行中发现液压系统严重漏油、噪声或振动较大、滑块动作失常等异常现象时应立即停机进行检修,排除故障,保证设备良好运行。

f、设备操作人员应做更换液压油和维护保养工作。特别是电气联动保护应完好正常。设备电控系统和液压系统故障由维修部门完成,其他人不可擅自拆卸维修。

g、对于大型压形工件吊装运输,按其中的有关要求进行。工件压形和吊装过程中有关人员应全神贯注,严防设备及工件伤人等事故发生。

h、操作人员因故离岗或下班后,应将滑块(上胎)放置在乎台(下胎)无压状态下,然后切断电源、锁好电控箱,并保证设备和现场卫生整洁,做好维修和运行记录。

招式41 弯头、三通管和膨胀节的制作

(1)弯头的制作。

对 C_o、A_x 较小的管子弯头,在弯曲过程中,截面变形严重,这种钢管弯制常用型模压制法、型模挤弯法及芯棒推挤法。

①用型模压制弯头时先将毛坯备料,分两次热压完成,即在垂直平面内弯曲和在水平面内矫形,应用上下压型胎具在压力机作用下压制成形。利用两套压制型模先完成垂直平面内弯曲,后完成水平面内矫。

②采用型模挤弯法时,管坯加热后在挤压力作用下强制沿型模内弯曲孔道变形而成。管子受挤压弯曲,从而改善了管件外侧壁厚减薄量及椭圆度。

③采用芯棒推挤法时,管坯边加热边向前移动,从专用芯棒处挤出,由于受推力及芯棒阻力的作用,使管坯产生周向扩张及轴向弯曲变形,将小直径的管坯推挤成较大直径的弯头。

管坯内侧比外侧加热温度高,内侧金属向两侧流动,部分金属重新分布,故只要选择合适的管坯,就能得到管壁厚度均匀一致的弯头。

加热温度:碳钢为 750~850℃,不锈钢约为 900℃。进口端温度应较高,始扩段较低、中间段逐步过渡。该法是常用弯管制造弯头的方法,在专机上完成,一般采用液压或螺旋推力推挤管子毛坯,已广泛被专业厂家采用。工艺关键是芯棒的设计和热处理工艺。芯棒材料一般选用耐热合金结构钢,设计应保证芯棒平滑过渡(按弯曲规格设计芯棒),热处理淬火为 HRC60~65。

(2)三通管制作。在石油化工等工程项目中,各种压力管道上大量采用三通管件。三通管通常有焊接三通和冲压三通,其中最为可行的是冲压三通,它是从管子切取管坯来制造的。冲压三通的主要工序是先在管坯上进行开孔,加热后在压力胎下翻边,以保证管口与三通本体之间为无缝连接,因而比焊接三通的强度要高得多,因为这使应力集中大为减小。由于开口翻边后管口壁厚会减薄,所以三通坯体的壁厚通常会比翻边管口壁厚大。根据结构尺寸,三通分等径三通、异径三通。

(3)膨胀节制作。膨胀节作为炼油化工设备及压力管道上的补偿元件,应用十分广泛。产品主要有 ZX 型整体小波高膨胀节,由于 ZX 型膨胀节波高小,壁厚较薄,成形可采用滚压法或在剖分模具内液压膨胀成形,其工艺过程为先将板料卷成一圆筒,焊接纵缝一打磨一矫圆一无损检测一成形。圆筒按中性层展开下料,筒节坯料长度按等面积法计算,再用经验系数修正。筒节坯料完成后,成形波形部位常用专机完成。滚压法的原理是将坯料加热,固定在旋转弯制机主轴上转动,借助内外波形成形胎具之间的压力作用完成膨胀节波形制作。部分模具内液压膨胀成形的原理,是将膨胀节圆管坯料放在剖分模具内,然后管内部通入高压液体使管坯沿模具形状变形制成膨胀节。

招式 42 冲压成形

冲压成形是利用按技术要求设计和制造的模具,在冲压机械(包括各种压力机或冲床等)上施加压力,使工件的毛坯压制成形为符合要求的工件的钣金工艺方法。该工艺方法成形结果是否符合要求,完全取决于所使用的模具设计和制造质量是否满足要求,以及冲压设备额定压力能否满足工件塑性变形所需的冲压力。

(1)冲压成形的特点和分类

冲压成形是钣金工艺技术中工件加工成形的主要工艺手段之一。随着机械工程技术的发展,很多钣金工件,例如:汽车外表覆盖件、车辆的厢体、设备的包装、容器壳体成形和各种管料冲压成形等都是由冲压成形工艺方法来完成的。随着各种机械产品使用功能要求的日益增加和复杂化,利用冲压成形工艺方法完成其工件加工成形的零部件日趋广泛,并且质量(包括外形美观)等方面的要求水平更加高。

冲压成形包括压弯和压延两种方式,按毛坯冲压成形的温度状态分为冷压和热压两种。一般压弯以冷压为主,压延以热压为主。

压弯是利用模具对板料施加外力,使它弯成一定角度或一定形状。在压弯过程中,材料容易出现弯裂、回弹和偏移等质量问题。

材料压弯时,由于外层纤维受拉伸应力,其值超过材料的屈服极限,所以常由于各种因素促使材料发生破裂而造成报废。在一般情况下,零件的圆角半径不应小于最小弯曲半径。如果由于结构要求等原因,必须采用小于或等于最小弯曲半径时,就应该分两次或多次弯曲,先弯成较大的圆角半径,再弯成要求的圆角半径,使变形区域扩大,以减少外层纤维的拉伸变形;也可采用热弯或预先退火的方法,提高其塑性。

材料在弯曲后的弯曲角度和弯曲半径总是与模具的形状和尺寸不相一致,这是由于材料弯曲时,在塑性变形的同时还存在弹性变形,这种现象称为弯曲回弹。

减少弯曲零件的回弹方法可以修正模具的形状,采用加压校正法,用拉弯法等减少回弹。

材料在弯曲过程中,沿凹模圆角滑动时会产生摩擦阻力,当两边的摩擦力不等时,材料就会沿凹模左右滑动,产生偏移,使弯曲零件不符合要求。

防止偏移的方法是采用压料装置或用孔定位。弯曲时,材料的一部分被压紧,使其起到定位的作用,另一部分则逐渐弯曲成形,可以减少压弯成形加工中的变形缺陷。

在压弯成形加工中,为保证压弯件的尺寸精度和质量,应注意以下几点:

①压弯件的圆角半径不宜小于最小弯曲半径,也不宜过大,因过大时材料的回弹也越大;

②压弯件的直边长度不得小于板料厚度的两倍,过小的直边不能产生足够的弯矩,这就很难得到形状准确的零件;

③材料的边缘局部弯曲时,为避免转角处撕裂,应先钻孔或切槽,将弯曲

线位移一定距离。

④压弯带孔零件时,孔的位置不应位于弯曲变形区内,以免使孔发生变形;

⑤压弯件的形状应对称,内圆角半径要相等,以保持材料压弯时的平衡。

压弯成形加工后出现的变形缺陷通过返工或返修才能得到矫正,但其结果不太理想,所以应以防止变形缺陷发生的措施落实为主,防止变形缺陷的发生。

(2)压延成形的变形特点

压延是使板料在组合模具中凸模压力作用下,通过凹模形成一个开口空心零件的压制过程。压延件的形状很多,有圆筒形、阶梯形、锥形、球形、方盒形及其他不规则的形状。

压延工艺分为不变薄压延和变薄压延两种,前者壁厚在压延前后基本不变,典型工件是压力容器的封头。后者压制后零件的壁厚与原板料厚度相比有明显的变薄现象。后者一般是热压延过程中有明显变薄现象。

压延工件的变形缺陷主要有起皱、壁厚变化等变形缺陷。

①压延工件的起皱。如果在板料两端施加轴向压力,当压力增加到某一数值时,板料就会产生弯曲变形,这种现象称为受压失稳。压延时的起皱与板料的受压失稳相似,压延时凸缘部分受切向压应力的作用,由于板料较薄,当切向压应力达到一定值时,凸缘部分材料就失去稳定而产生弯曲,这种在凸缘的整个周围产生波浪形的连续弯曲称为起皱。压延件起皱后,使零件边缘产生波形,影响质量,严重时由于起皱部分的金属不能通过凹模的间隙而使零件拉破。

防止起皱的有效方法是采用压边圈。压边圈安装于凹模上面,与凹模表面之间留有一定的间隙,使压延过程中的凸缘便于向凹模口流动,从而防止了工件边缘起皱现象的发生。

②壁厚变化。压延的过程中,由于板料各处所受的应力不同,使压延件的厚度发生变化,有的部位增厚,有的部位减薄,当减薄量不符合要求时即为变形缺陷。

③其他变形缺陷及防止。

除以上变形缺陷外,还会在压延过程中产生起皱、起包、直边拉痕压坑、外表现微裂痕、纵向撕裂、偏斜、椭圆、直径大小不一致等变形缺陷。它们的形成原因有:起皱和起包是由于加热不均匀,压边力太小或不均匀,模具间隙及下模圆角太大等原因,使封头在压延过程中其变形区的毛坯出现的纬向压应力大于径向拉应力,从而使封头在压延过程中起皱或起包;直边拉痕压坑是由下模、压边圈工作表面太粗糙或拉毛,润滑不好及坯料气割熔渣未清除等原因造成的;外表面微裂痕是由坯料加热规范不合理、下模圆角太小、坯料尺寸过大等原因造成;纵向撕裂是由坯料边缘不光滑或有缺口,加热规范不合理,封头脱模温度太低等原因所致;偏斜是由坯料加热不均匀、坯料定位不准,或压边不均匀等原因造成;椭圆是由于脱模方法不好,或封头吊运时温度太高而引起变形;直径大小不一致是由于成批压制时封头脱模温度高低不同,或模具受热膨胀的缘故。

为了防止上述缺陷产生,必须使坯料加热均匀一致,保持适当的压边力,并均匀地作用在坯料上选择合适的下模圆角半径,提高模具的表面光洁度,合理润滑和在大批量压制时应适当冷却模具。

在压延的过程中,坯料与凹模及压边圈表面产生相对滑动而摩擦,由于相互间作用力很大,造成很大的摩擦力,使压延力增加,坯料在压延时容易拉破,此外还会加速模具的磨损。所以在压延时一般都使用润滑剂来减少摩擦力和模具的磨损,并且可以防止变形缺陷的产生。

综上所述,可以看出工件冲压成形加工产生的变形缺陷的矫正较为困难并且效果不佳,所以应着重在防止措施上下功夫,减少在加工过程中产生的变形缺陷。

招式43 手工操作加工成形

在单件生产或一些形状复杂的零件,在机器操作不便或为降低成本时,需要手工操作及加工。手工操作成形的方法虽然劳动强度大,但由于使用的工具简单,操作比较灵活,至今仍被广泛采用。手工成形也需要一些简单的胎型、靠模和各种各样的工夹具,这些工夹具一般是通用的、万能的。手工成形件的质量如何,主要取决于操作程序的合理安排,以及所选用的工、夹、胎具是否比较合适,最重要的是取决于操作工人的实践经验与熟练的操作技巧。如下料、弯曲、冲压、咬边、矫正等加工成形的很多工序中手工操作仍发挥极其重要的作用。

（1）弯曲。包括板料、圆钢、管材和型钢的弯曲。

手工弯曲是利用简单的工具，将板料、管材和型钢等弯曲成形为所需工件的工艺方法。手工弯曲一般使用的工具是手锤（或大锤）和台虎钳，配合规铁、角钢、圆钢及各种简单扳弯机、煨弯工具进行弯曲成形。手工弯曲操作应将弯曲工件对照样板进行。手工弯曲分冷加工和热加工两种方式。

（2）冲压。包括冲弯、冲凹、拔缘、冲孔、拱曲加工等。手工冲压是利用简单的模具和工具用锤击的方式完成小件薄板的冲压成形的工艺方法。

冲弯和冲凹是将薄板小型工件毛坯平放在有弯曲和凹形的模具上，用锤击打简单工具使工件形成弯曲和凹形变形的过程。冲弯和冲凹使工件的材料产生拉伸塑性变形，应防止出现起皱和撕裂等变形缺陷。

拔缘和拱曲是用手工锤击（包括手锤、木锤、铜锤等），利用简单模具和工具使工件毛坯材料产生压延变形，完成拔缘和拱曲成形的工艺方法。拔缘和拱曲时应控制其压延变形的长度和最小变形半径，防止材料撕裂现象发生。

（3）缩口和扩口。缩口和扩口是管料冲压成形中手工操作的基本方法。缩口和扩口加工过程中材料变形与拔缘和拱曲基本相同，同属于材料的压延变形，其操作方法和防止变形缺陷的措施相似。

（4）冲孔与冲裁。冲孔与冲裁是利用锤击和简单模具，使材料（主要是薄板材料）按要求冲剪成孔或其他形状工件的手工加工方法。其操作方法和冲模间隙是保证质量的关键。冲孔与冲裁加工应在一次操作中完成。

（5）咬缝与卷边。咬缝与卷边是白铁（厚度小于 1.5 mm 的镀锌薄板）钣金加工中常用的手工操作方法。

咬缝是把两块板料的边缘（或一块板料的两边）折转扣合，并彼此压紧的连接方法。由于咬缝比较牢固，所以在某些结构中可用以代替钎焊。

常用咬缝的结构形式有单咬和多咬等多种形式，尺寸、规格和用途各不相同。咬缝的基本操作是手工锤扣（将板料边缘弯曲，按不同的形式折角弯曲）和咬接两个过程。咬缝是薄板传统并且简单实用的连接方式之一。卷边是指将板件的边缘卷过来的操作，通常是在折边或拔缘的基础上进行的。卷边分夹丝卷边和空心卷边两种。夹丝卷边是指在卷边内嵌入一根铁丝，以加强边缘的刚度。卷边的操作方法和使用的工具基本与咬缝相同，主要应用在白铁或薄板工件加工成形后边缘或边的加强。

招式 44 旋压成形

旋压成形,也叫金属旋压成形或烫板技术。工件通过旋转使之受力点由点到线由线到面,同时在某个方向用滚刀给予一定的压力使金属材料沿着这一方向变形和流动而成型某一形状的技术。这里,金属材料必须具有塑性变形或流动性能,旋压成形不等同塑性变形,它是集塑性变形和流动变形的复杂过程,特别需要指出的是,我们所说的旋压成形技术不是单一的强力旋压和普通旋压,它是两者的结合;强力旋压用于各种筒、锥体异形体的旋压成型壳体的加工技术,是一种比较老的成熟的方法和工艺,也叫烫板法。

旋压成形的主要特点是:旋压属于局部连续性的加工,瞬间的变形区小,总的变形力小;一些形状复杂的零部件或高难度难变形的材料,传统工艺很难甚至无法加工,用旋压的办法就可以加工出来,如皮带轮,灯具配件等;旋压加工的公差很小,表面粗糙度小于 3.2,强度和硬度均有显著提高;旋压加工材料利用率高,模具费用要低于冲压模具的五分之一以上,旋压成型的经济性与生产批量、工件结构、设备和劳动费用等有关,多数加工用旋压加工与冲压加工,剪板加工,超声波清洗,电镀加工等工艺配套应用,以获得最好的经济效益;可旋压加工的形状只能是旋转体,主要有桶状,圆锥形,曲母线状和组合型;可加工的材料有:铁板、铝板、不锈钢、铜板等。

钣金工艺技术是专业性和综合性较强,并相对较为复杂的工艺技术。钣金加工成形工艺技术和方法还很多,例如旋压成形、温差拉深与深冷拉深、电磁成形、爆炸成形、胀形成形 。钣金加工成形工艺技术和方法基本取决于金属的性能,特别是力学性能(强度和塑性)和工艺性能(焊接性能和加工性能)等。

招式 45 机械加工成形

机械加工成形是指工件毛坯通过通用机床或专用机床进行金属切削的加工成形,包括凿削、钻孔、攻丝与套丝、零件修整等加工过程。与钣金工艺结合较多的是凿削、钻、攻丝及零件修整等过程。

经剪切或气割后的零件,一般都需要进行预加工。零件的预加工包括边缘加工、孔加工、攻丝与套丝和零件修正等工作。

(1)边缘加工

一般包括凿削、坡口加工等。

①凿削。凿削工作主要用于不便于机械加工的场合。由于有的零件体积大、规格复杂,难以在金属切削设备上进行加工,所以可用凿削加工。凿削加工分手工和机械两种。

手工凿削是利用手锤敲击凿子进行切削加工的方法。凿子的种类较多,常用的有扁凿和狭凿两种。凿子一般用钢锻制,经刃磨与热处理后方可使用。机械凿削的工作效率较高,可减轻劳动强度。机械凿削大多采用风凿进行的。风凿是利用压缩空气作为动力的一种风动工具。利用压缩空气来推动风凿气缸内的活塞,使其产生往复运动,来锤击凿子的顶部进行工作。

②坡口的气割加工。气割除了能切割金属外,还能加工焊接坡口。只要改变割炬的倾斜度,便能加工出焊接坡口。

③坡口的机械加工。与手工方法相比,采用机械进行坡口和边缘加工的方法,效率高、劳动强度低、质量好,所以在成批生产中已广泛采用。

机械的边加工是在刨边机、铣边机上进行的。用刨边机或铣边机加工,可以得到较好的光洁度和精确度。刨边加工的余量随钢材的厚度、钢材的切割方法而不同。刨边机的刨削长度一般为 3~15m。当刨削长度较短时,可将很多工件同时进行刨边。当钢板的边缘刨成垂直的平面时,可将多块钢板重叠起来,一次刨削,这样可使安置和压紧钢板的辅助时间缩短,因而能显著提高机床的利用率。

④碳弧气刨。碳弧气刨是指使用石墨棒或碳棒与工件间产生的电弧将金属熔化,并用压缩空气将其吹掉,实现在金属表面上加工沟槽的方法。

碳弧气刨是使用碳棒或石墨棒作电极,与工件间产生电弧,将金属熔化,并用压缩空气将熔化金属吹除的一种表面加工沟槽的方法。在焊接生产中,主要用来刨槽、消除焊缝缺陷和背面清根。碳弧气刨有下列特点:手工碳弧气刨时,灵活性很大,可进行全位置操作。可达性好,非常简便;清除焊缝的缺陷时,在电弧下可清楚地观察到缺陷的形状和深度;噪声小,效率高。用自动碳弧气刨时,具有较高的精度,减轻劳动强度。它的缺点是:碳弧有烟雾、粉尘污染和弧光辐射,此外,操作不当容易引起槽道增碳。

(2)钻孔

钻孔就是用钻头在实心材料上加工出孔的方法。钻孔时,工件固定不动,钻头装在钻床或其他工具上,依靠钻头与工件之间的相对运动来完成切削加工,其相对运动包括钻头的回转切削运动和进刀运动。

钻头是钻孔的切削工具,用碳素工具钢或高速钢制成,并经淬火与回火处理。按其形状不同,分麻花钻和扁钻两类。

常用的钻孔设备有台钻和摇臂钻床。常用的钻孔工具有手扳钻、手枪式风钻、手提式风钻、手提式电钻、磁座钻等。

钻孔操作如下:

①钻孔前必须将工件夹紧固定,以防止钻孔时工件移动而折断钻头,或使钻孔位置偏移。

②钻孔前先在工件上划出所要钻孔的中心和直径,可作为钻孔后检查用。钻削时应不断地加冷却润滑液,防止钻头退火软化,还能起润滑作用,以减少钻屑的摩擦热,提高孔壁的粗糙度。

③钻孔过程中应经常提起钻头,保证钻屑及时排出,以免造成钻头过热磨损。

④钻孔临近钻透时,应轻轻进给,以免造成钻头折损。

(3)攻丝与套丝

用丝锥在预制的孔中切削出内螺纹称攻丝,用板牙在圆杆上切削出外螺纹称套丝。攻丝所用的工具有丝锥和铰手。丝锥分手用和机用两种,有粗牙和细牙两类。攻丝的方法如下:攻丝前,应先用钻头在工件上钻削出底孔;将工件夹持固定后,先用头锥切削,尽量把丝锥放正,然后对丝锥加压力并转动铰手。为避免切屑过长而卡住丝锥,每转 1~2 圈后,要反转 1/4 圈左右,以使断屑。攻丝时可加机油进行润滑;在攻丝过程中,不能一开始就用铰手把丝锥旋入,否则容易产生晃动和压力,而损坏螺纹,影响螺纹质量。套丝所用工具有圆板牙和板牙铰手。板牙铰手用来安装圆板牙,并带动圆板牙旋转进行套丝。套丝的方法如下:用圆板牙在钢料上套丝前,为了套丝方便一些,圆杆直径应比螺纹的外径小一些;套丝时,板牙端面应与圆杆中心线垂直,两手按顺时针方向均匀地旋转板牙铰手,并稍加压力,当板牙切出几牙螺纹后,就不再加压力,只需旋转铰手。每转 1~2 圈后,要反转 1/4 圈左右,以使断屑。套丝过程中可加机油进行润滑。

(4)零件修整

零件加工后,常用锉削或磨削修整。

①锉削。用锉刀对工件表面进行切削加工,使工件达到所需要的尺寸、形状和表面粗糙度的过程,即为锉削。这种方法常用来做锉削修整零部件、倒毛刺等辅助工作。

②磨削。用砂轮对工件表面进行切削加工的方法称为磨削。磨削用于消除钢板边缘的毛刺、铁锈;装配过程中,修整零件间的相对位置,碳弧气刨挑焊根后,焊缝坡口表层的磨光;清除零件表面由于装配工夹具的拆除后而遗留下来的焊疤;受压容器的焊缝,在探伤检查之间,要进行打磨处理等。

招式46 手工冲压成形

手工冲压成形是应用在小批量较薄钢板小型钣金工件的冲压成形中,钢板一般厚度小于1.5mm以下。手工冲压成形也需要一些简单胎具、靠模和各种各样的工夹具,这些工夹具一般是通用的。手工成形件的质量如何,主要取决于操作程序是否合理安排,以及所选用的工、夹、胎具是否比较合适,然而最重要的是取决于操作工人的实践经验与操作技巧。这种方法虽然劳动强度大,但由于使用的工具简单,操作比较灵活,至今仍被广泛采用。下面介绍弯曲、压凹、拔缘、拱曲和矫正等手工冲压成形工艺的基本要领和方法。

(1)弯曲

手工弯曲就是利用手工工具将板材、管材或型材手工弯曲成所需工件的加工方法。板材的手工弯曲件一般包括:角形工件弯曲、槽形工件弯曲、口形工件弯曲、S形工件弯曲和圆筒的弯曲等。板材工件手工弯曲方法是利用规铁、角钢、圆钢及台钳等工具,先在板料毛坯上将弯曲部位划出弯曲线,然后将弯曲线对准规铁(或角钢、圆钢等)的角或弯曲起始部位,板料和规铁等一起牢固地紧固在台钳的钳口上并用力夹紧,检查固定的位置和夹紧都符合要求后,用手锤(或木锤)锤击应弯曲部位,并沿着弯曲线移动直至全部弯曲成形完成为止。如果工件弯曲是多处,应根据以上方式重复进行,直至全部弯曲成形完成符合要求。板材手工弯曲后应按图样要求进行调矫。首件调矫符合要求,可以作为样板使用。

(2)压凹

压凹是在板材或型材的工件毛坯上,压出一定深度的凹形部位的工艺过程。压凹可以按上述手工弯曲的工艺方法完成,但要保证凹下部分与平面部分结合部圆滑平整,无划伤折皱现象。

压凹也可以用模具和锤击的方法完成。一般模具上模为凸模、下模为凹模、上下模以弹性形式连接在一起。压凹的工件毛坯将压凹部位对正定位放置在上、下模具之间,然后锤击上模,一次完成压凹。

(3)拔缘

拔缘是指在板料的边缘,利用手工锤击的方法弯曲成弯边。拔缘的特点是圆角半径大,边缘直筒部分高度小。外拔缘时,圆环部分要沿中间圆形部分的圆周径向改变位置而成为弯边,但是它受到其中三角形多余金属的阻碍,采用收边的方法,使外拔缘弯边增厚。内拔缘时,内侧圆环部分,要沿外侧圆环部分的圆周径变换位置而成为弯边,由于受到内孔圆周边缘的牵制不能顺利地延伸,所以采用放边方法,使内拔缘弯边变薄。拔缘可以采用自由拔缘和胎型拔缘两种方法。自由拔缘一般用于薄板料、塑性好、在常温状态下的弯边零件;胎型拔缘多用于厚板料、孔拔缘及加温状态下进行弯边的零件。

(4)拱曲

拱曲是指将板料用手工锤击成凸凹曲面形状的零件。通过板料周边起皱向里收,中间打薄向外拉,这样反复进行,使板料逐渐变形得到所需的形状,所以拱曲零件一般底部都变薄。拱曲可以分为冷拱曲和热拱曲。一般尺寸较大、深度较浅的零件,可直接在胎模上进行拱曲。

手工成形成本较低、简单实用,在单件或小批量薄板小工件的作业中经常采用。但手工加工成形的质量取决于操作者的技术水平和合理工艺、工装的安排。另外手工成形主要采用简单工具操作,往往加工成形后工件会出现各种变形缺陷,一般要进行手工矫正。

招式 47 厚板工件的冲压成形

冲压成形工艺分为冷压成形和热压成形两种方法。薄板的冲压成形一般是常温下冲压成形,即冷压成形。厚板工件(一般厚度在 6mm 以上)由于相对板材厚度原因,在冷压成形中塑性变形抗力较大,所以进行塑性变形加工时需要较大的载荷作用才能完成。厚板工件加热到适当的温度以后,屈服强度大幅度下降,塑性变形能力增强,便于各种热加工。金属材料的热加工还可以避免裂纹、起皱等变形缺陷产生,而且产生后还可以在热状态下及时调矫其变形缺陷,使之符合要求。厚板工件的冲压成形,在钣金加工工件中典型的是锅炉和压力容器的封头、管板和小直径厚壁钢制圆筒等。

(1)工件的结构及其变形特点

厚板冲压成形的典型工件是压力容器的封头等。封头是压力容器筒壳的主要受压元件,压力容器封头按几何形状不同,有椭圆封头、球形封头、拱形封头、平底封头和锥形封头等。

封头的冲压成形是将板料在特殊设计的加热炉中加热到适当温度(一般900℃左右),利用专用设备吊运到冲压模具上(凸)、下(凹)模具之间,利用压力机压头的压力使凸模在压力作用下,通过凹模形成一个开口空心零件的压制过程称为压延。

从封头冲压变形的特点可以看出,热冲压变形主要是局部减薄和起皱、鼓包等是能引起质量缺陷的变形缺陷,所以在厚板工件热冲压工艺中应采取相应技术措施,防止上述变形缺陷的发生以确保冲压件质量符合要求。

(2)厚板工件的热冲压工艺

厚板工件的热冲压分整体冲压、分体冲压两种方式。

①封头的整体冲压。封头的整体冲压成形,是借助于冲压模具在压力机上整个工件一次完成的。封头冲压使用的压力机一般是水压机或油压机。其工艺过程如下。如坯料直径较大,则需拼接。拼接焊缝的位置应满足有关标准的要求,即拼缝距封头中心不得大于1/4公称直径,拼接焊缝应先经100%无损探测合格。这可避免在冲压过程中坯料从焊缝缺陷处撕裂的可能。坯料拼缝的余高如有碍成形质量,则应打磨平滑,必要时还应做表面检测。封头冲压过程中,坯料的塑性变形较大,对于壁厚较大或冲压深度较深的封头,为了提高材料的变形能力,必须采用加热冲压的办法。实际上,为保证封头质量,目前绝大多数封头都采用热冲压。钢板坯料可在气体火焰反射炉或室式加热炉中加热。一般碳素结构钢或低合金钢的加热温度在950~1000℃之间,这取决于坯料出炉装料过程的时间长短、压机的能力大小、过高温度对材料性能的影响等因素。

②封头的冲压原理:封头的冲压过程属于拉延过程。在冲压过程中,材料产生了复杂的变形,而且在工件不同的部位有着不同的应力应变状态。对于采用压边圈,模具间隙大于封头毛坯钢板厚度的封头冲压。

③冲压过程:压力容器封头的冲压通常在水压机(或油压机)上进行,这

种压力机一般吨位在 300~8000t 之间。为了减少摩擦，防止模具及封头表面的损伤，提高模具使用寿命，冲压前，在冲模之间涂抹润滑油是十分必要的，这对不锈钢、有色金属尤为重要。加热后的毛坯钢板放在下冲模上，按定位要求与下冲模对中，并用卡马将压环与下冲模卡住，开动水压机，直至上冲模降到与毛坯钢板平面接触，然后加压，钢板便发生变形。随着上冲模的下压，毛坯钢板就包在上冲模上，并通过下冲模。此时，封头完成冲压成形。但由于材料的冷却收缩，使之紧包在上冲模上，需用特殊的脱件装置使封头与上冲模脱离。常用的脱件装置是滑块，将滑块推入压住封头边缘，待上冲模提升时，封头被滑块挡住，便从上冲模上脱落下来，完成了冲压过程。

对于厚壁封头，由于所需的冲压力较大，同时因毛坯较厚，边缘部分不易压缩变形，尤其是球形封头，在成形过程中边缘厚度急剧增厚，因而导致底部材料严重拉薄。通常在压制这种封头时，也可预先把封头毛坯车成斜面，再进行冲压。

从以上压力容器封头热冲压工艺过程可以看出，该工艺过程的保证热冲压产品质量、防止质量缺陷的措施主要包括以下几个方面。

a.封头坯料加热温度以 900℃为宜，并且要求加热均匀，要在炉内保温一段时间。加热温度过高，容易造成封头冲压成形后显著减薄，出现材料过烧质量问题；加热温度过低，冲压力需要值升高，应考虑压力机的公称压力，并容易造成裂纹缺陷面出现。

b.上、下冲模的间隙和相关设置。从封头冲压过程中可以看出，冲压模具上、下冲模的间隙设计是封头冲压后不发生起皱和裂纹的关键。能保证冲压力适中，又能防止起皱和裂纹的发生，并且设置压边圈和卡马等装置，能保证间隙作用效果的圆满实现。

c.冲压的压动力来自压力机，要保证压力机的公称压力能满足冲压力的要求，并且是双动(双速)功能压力机。按冲压过程，上冲模下降到达板料以前为快速(压力小)，到达板料后变为低速，这样才能有效地完成冲压成形。

d.设置滑块装置能有效地解决冲压后的封头脱模问题。但是要切记脱模在冲压过程中的顺序，以防操作失误，造成错误和严重后果。

e.设计和制造符合要求的模具圆角和精度；冲压过程中加油润滑和其他操作要求的实施，都是十分有效的保证封头冲压成形质量的措施。

封头冲压成形后应及时宏观或用样板检验其质量是否符合要求。如有质量偏差和变形缺陷,及时用手工矫正等方式进行调矫,使冲压成形工件符合质量要求。

封头冲压成形的质量缺陷主要有起皱、厚度减薄等变形。

①起皱。主要是在板料两端施加轴向压力,当压力增加到某一数值时,板料就会产生弯曲变形,这种现象称为受压失稳。冲压时的起皱与板料的受压失稳相似,冲压时凸缘部分受切向压应力的作用,由于板料较薄,当切向压应力达到一定值时,凸缘部分材料就失去稳定而产生弯曲,这种在凸缘的整个周围产生波浪形的连续弯曲称为起皱。

冲压件起皱后,使零件边缘产生波形,影响质量,严重时由于起皱部分的金属不能通过凹模的间隙而使零件拉破。冲压件防止起皱的有效方法是采用压边圈装置,压边圈安装于凹模上面,与凹模表面之间留有一定的间隙,使冲压过程中的凸缘便于向凹模口流动,从而防止了工件边缘起皱的现象的发生。

②冲压工件部分变薄。冲压的过程中,由于板料各处所受的应力不同,使冲压件的厚度发生变化,有的部位增厚,有的部位减薄,当减薄量不符合要求时即为变形缺陷。

以热压制压力容器封头为例,影响封头壁厚变化的因素有:材料强度越低,壁厚变薄量越大;变形程度越大,封头底部越尖,壁厚变薄量越大;上下模间隙及下模圆角越小,壁厚变薄量越大;压边力过大或过小,都将增大壁厚变薄量;模具的润滑好,壁厚变薄量小;热压时,温度越高,壁厚变薄量越大,加热不均匀,也会使局部变薄量增加。

(4)瓣片压形。大型封头的制造如采用整体冲压成形,既需要大型水压机,还需要巨大的模具。所以拥有大型压机的工厂也常将封头分瓣压出,再用焊接方法拼成整体。而大型炼油装备的薄壁大直径封头,考虑到运输的困难,也常采用分瓣压形后现场组焊。

瓣片压形只需单瓣模具。绝大多数瓣片冲压是在热态下完成的。瓣片冲压的工艺过程如下:瓣片下料—加热—冲压—二次划线—气割—拼装—焊接,完成工件成形。

瓣片下料通常是经整体封头按奇数分瓣。瓣片数量与压机能力、模具大小及焊缝布置的相关规定等因素有关。下料时按单个瓣片的板料中性层尺寸展开制作号料样板,因为以近似方法展开并制作板坯号料样板,因此应加足二次号料气割余量。冲压成形后应对瓣片进行二次号料,此时的样板可补贴于瓣片内壁,该样板可按内径展开制作,并留出气割口及焊接收缩量。压力容器的零件,可以分瓣冲压成形的除椭圆形封头外,还有球形封头,翻边锥体等。热压成形的瓣片通常需要在冷状态下矫正。

(5)封头人工火造成形。封头成形除采用上述冲压成形工艺技术外,对于无压力机小批量生产封头工件,也有采用人工火造借助模具完成封头工件制造的方式。

人工火造封头成形方法劳动强度大、工艺落后,产品质量不易控制,但是对于单产或小批量封头工件成形加工简单实用,投资小,可以解决无压力机等问题,故仍被部分压力容器封头加工时采用。

(6)封头旋压成形。大型封头的整体冲压有很多弊端,需要吨位大、工作台面宽的大型水压机;大型模具和冲压制造周期长,耗费材料多,造价高。即使采用分片冲压,也由于瓣片组焊工作量大,既费时间,质量也不易保证,而且大型封头往往是单件生产,采用冲压法或人工火造法制造,成本很高。因此,大型封头或薄壁封头适宜用旋压法制造。旋压法由专用旋压设备完成。旋压法与冲压法相比,有以下优点:

①从设备上讲,制造同样大小封头,旋压机比水压机约轻2~3倍;

②旋压所需的模具比冲压所需的模具简单、成本低;

③旋压法不受模具限制,可以制造不同尺寸的封头和其他回转体工件。

冲压大直径薄壁封头时的起皱问题及翻边问题,采用旋压法均可解决。

总的来讲,采用旋压法还是冲压法制造封头主要取决于两个因素:一是生产批量问题,单件、小批量生产以旋压法较经济,成批生产以采用冲压法为宜;二是尺寸问题,薄壁大直径封头以采用旋压法较合适,厚壁小直径封头用冲压法较适宜。旋压成形法的工作过程是,首先将毛坯钢板用压鼓机压成碟形,即把封头中央的圆弧部分压制到所需的曲率半径,然后再用旋压翻边机进行翻边,亦即把封头边缘部分旋压成所要求的曲率。因为是采取两个步骤完成的,故称两步成形法。又因使用两台设备联合工作,故又称联机旋压法。这种旋压成形法适合于制造中、小薄壁的封头。

有模旋压需要有与封头内壁形状相同的模具,通过旋压的办法将封头毛坯碾压在模具上而形成封头。这种方法速度快、效率高、成形精确,自动化程度高。因为需要备有各种规格的模具,故工装投资费用较大。

在进行冷态旋压时,选择合适的润滑剂是十分重要的。在冷旋压过程中进行润滑,不仅可以减少旋压力,而且能改善成形封头的表面质量。

压力容器封头成形检验合格后,还应划线齐边,才能转入组装工序。划线齐边一般采用气割或机械加工专机方式完成。

招式 48 管料的冲压成形

各种气瓶(包括氧气瓶、乙炔瓶、石油液化气瓶等)、管件(弯头、三通等),还有膨胀节等基本上都是通过管材冲压成形后,制成工件的零件后组焊而成的。小型压力容器和管道的连接件等,很多是属于管料冲压成形产品。

(1)工件的冲压变形特点

管料冲压成形工件的结构和加工工艺过程比较简单。主要是大批量、机械化加工和焊接自动化的生产组织和内容。

工件冲压变形特点如下:

①接口一般是用碳素钢经机械车削加工而成,其成形特点符合机械加工的过程特点。

②圆筒是无缝钢管加热后进行缩口冲压而成,从理论上是在机械冲压作用下,变形部位是压缩变形,容易产生材料堆积,管壁增厚或可能出现起皱现象。但实际工艺一般采取加热旋压缩口冲压工艺,使压缩堆积管壁增厚趋势缓解,并且通过逐渐慢速进给也能避免起皱现象发生。

③有的圆筒和封头是一体的,经过预先拉深好的圆筒体,此结构的冲压变形比较复杂,加工工艺难度较大,一般很少采用这种结构。

(2)管料缩口与缩径工艺技术

管料的缩口与缩径是将管坯或预先拉深好的圆筒件,通过模具将其口部直径缩小的成形工艺。将口部变为圆弧形或锥形称为缩口,而将口部或一段长度变为直径更小的圆筒形称为缩径。对于圆筒件,有时用它来代替拉延工序,提高生产率。

①工艺参数的确定。使直径减小,壁厚和长度增加。缩口变形程度可用缩口系数表示,缩口系数主要取决于材料的种类、厚度、模具形式及表面粗糙度。材料塑性越好、厚度越大,或者模具结构中对管壁有支持作用的,缩口系数值越小,即塑性变形(缩口或缩径变形)能力越好。

②缩口(缩径)工艺过程。管料的缩口(缩径)工艺分常温旋压和加热旋压两种工艺加工方式。缩口(缩径)系数较大时可采取常温旋压的工艺加工方式进行缩口(缩径)的工艺加工。常温旋压缩口(缩径)加工工艺要经多次往复加工,模具形状多次相应变化才能完成,技术复杂、难度较大。一般都采取加热旋压的方式进行管料缩口(缩径)的冲压加工。加热旋压缩口(缩径)方式冲压管料的工艺过程是在专用设备上进行。其设备主机是一台可平移和旋转的动力头上安装一个旋压缩口(缩径)模具,其工艺过程是:将工件需缩口(缩径)部位在加热炉中加热到900℃左右;工件加热并保温一段时间后,迅速移到带有动力头主机前的工作台中按要求固定夹紧;开启动力头,在动头旋转和平移进给过程中利用特定模具的旋压作用完成缩口(缩径)的冲压成形。

在管料工件热旋压缩口(缩径)的冲压成形的过程中为防止变形缺陷产生、确保产品质量,应采取以下措施:管料在加热时应保证加热温度在定位旋压前不低于800℃,并要求加热均匀;动力头的旋转和平移速度应在调试过程优选确定;旋压模具应采用耐热模具钢材料制作,工作间歇时间应采取措施冷却降温;动力头平移进给动作应有经调试确定的形成开关控制限定;加工过程中发现质量缺陷等异常现象时,应及时停车、查找原因,经检修排除故障或解决措施后,才能重新开始工作。

上述管料缩口(缩径)的热旋压工艺过程只适用较为简单缩口(缩径)工件的冲压成形。对于较为复杂并且缩口(缩径)系数较小管料工件的冲压成形加工,例如管料的缩口、缩径和封口(缩口形成一个点,可焊接封口)同时加工的工件,可采取复杂模具和多动旋压的加工方式完成。对于质量精度和表面形状要求较高的工件在模具设计时可考虑在常用的旋压模具(一般是凹模)的基础上,设计并使用复合模具或凸模,以达到质量精度符合相关要求。关于筒体和封头一体的结构形式,可以采用上述筒体缩口和封头综合加工,采用复合模具的方法进行冲压成形加工。即一端缩口(缩径)加工,另一端封口加工的方法完成。封头加工后形成的小孔进行焊接并磨光。

(3)其他管料的冲压成形工艺技术

管料冲压成形技术除上述缩口、缩径和封口等冲压成形加工技术外,还有管料起埂、扩孔和翻边,管件弯头、三通和波形管及各种管料的复合冲压成形等。其中有的和管料的缩口(缩径)的加工工艺方法相似,有的加工工艺方法和技术相对比较复杂,这类管料冲压成形工件可利用凹模和机械加工工艺技术要求完成。对于复合元件在加工的过程中,可利用复合模具,分别将工件两端分别加热和旋压加工成形。应注意控制工件的总长度和外形精度。

(4)管料胀形复合冲压成形工件。

根据毛坯的变形不同,胀形可以分为自然胀形和轴向压缩胀形两类。自然胀形,即在胀形过程中,零件的成形主要靠毛坯壁厚的变薄和轴向自然收缩(缩短)而成形。轴向压缩胀形,即在胀形的同时,沿管坯轴向施加挤压力而进行压缩成形。

①自然胀形。自然胀形时,毛坯的管壁部主要承受双向拉应力的平面应力状态和两向伸长、一向变薄的变形状态。自然胀形的变形情况较为复杂,随着胀形零件的形状和胀形部位的不同,能够胀形的程度差别很大,这是因为在胀形过程中与轴向有无自然收缩和收缩量的大小有关。

②轴向压缩胀形。在生产实践中,为了提高胀形稀疏,通常采用在胀形的同时,将毛坯沿轴向进行压缩,即所谓轴向压缩胀形。采用轴向压缩的结果,使胀形区的应力、应变状态得到了改善,有利于塑性变形。譬如,在轴向压力足够大时,变形区的轴向拉应力变为压应力,即变为一拉一压的应力状态,而应变状态也可能厚向变薄、径向及轴向伸长变为轴向压缩、径向伸长,而厚向可能不变薄或变薄很少,这就可以显著地提高胀形系数的极限值。但是,要实现对毛坯的轴向压缩,只有在毛坯的厚度较大时才易于实现。

生产实践中,对毛坯所施加的轴向压缩力和对聚氨酯橡胶凸模所施加的胀形力可同时进行,也可以分别单独进行。波形膨胀节就是管料胀形加工管件。

(5)管料复合冲压成形管件。

管料通过冲弯、冲孔翻边等复合冲压成形管件,在石化设备和压力管道的安装中得到广泛应用,其复合冲压成形工艺技术相对比较复杂。管料复合冲压成形管件通过加工工艺分析,其加工工艺顺序应为:下料,压弯,冲孔翻边,缩口等。全部加工过程是复合冲压成形过程。

下面按确定的管件复合冲压成形工艺过程进行工艺分析和方法的论述。

①下料。管材的下料方法一般可以采用机械切割和机械冲切法。在管材下料时应采用长度样板或挡板进行下料长度控制。

②弯曲。管材的弯取可以采用管弯头制作工艺进行加工成形。在弯曲过程中,截面变形严重。这种钢管弯制常用型模压制法、型模挤弯法、及芯棒推

挤法。

③冲孔翻边。管件冲孔翻边工序中可以先冲孔(或钻孔)后,采取液压胀形的方法完成翻边成形。也可以采取液压挤胀复合冲压成形方法完成翻边成形。

④管件(弯头)两端分别采取加热旋压方法完成管件缩口成形。

⑤一般管件连接坡口要在最后加工。坡口加工可在专用铣坡口机床进行加工。

一般管件加工结束后还应进行打砂、除锈防腐处理。

招式49 冲裁成形

冲裁成形是利用各种复合冲模,使材料同时完成落料和成形两个工艺过程。其中落料是冲裁下料包括裁边和冲孔等过程;成形是按要求进行冲压成形,包括拉深、弯曲等工艺过程,而这两个过程是利用同一个复合模、连续完成的。

(1)冲裁弯曲成形。冲裁弯曲成形是利用复合冲裁成形模具,同时完成材料的裁切落料和弯曲成形的工艺过程。其中弯曲成形是在模具冲裁作用下,先冲裁落料后连续完成压弯成形的过程。

压弯是利用模具对板料施加外力,使它弯成一定角度或一定形状,这种加工方法称为压弯。

在压弯过程中,材料容易出现弯裂、回弹和偏移等质量问题。

①弯裂。材料压弯时,由于外层纤维受拉伸应力,其值超过材料的屈服极限,所以常由于各种因素而促使材料发生破裂而造成报废。在一般情况下,零件的圆角半径不应小于最小弯曲半径。如果由于结构要求等原因,必须采用小于或等于最小弯曲半径时,就应该分两次或多次弯曲,先弯成较大的圆角半径,再弯成要求的圆角半径,使变形区域扩大,以减少外层纤维的拉伸变形。也可采用热弯或预先退火的方法,提高其塑性。

②弯曲回弹。材料在弯曲后的弯曲角度和弯曲半径,总是与模具的形状和尺寸不相一致,这是由于材料弯曲时,在塑性变形的同时还存在弹性变形,这种现象称为弯曲回弹。

减少弯曲零件的回弹方法可以修正模具的形状,采用加压校正法,用拉弯法等减少回弹。

③偏移。材料在弯曲过程中,沿凹模圆角滑动时会产生摩擦阻力,当两边的摩擦力不等时,材料就会沿凹模左右滑动,产生偏移,使弯曲零件不符合要求。防治偏移的方法是采用压料装置或用孔定位。弯曲时,材料的一部分被压紧,使其起到定位的作用,另一部分则逐渐弯曲成形,可以减少压弯成形加工中的变形缺陷。

在压弯成形加工中,为保证压弯件的尺寸精度和质量,应注意以下几点:

①压弯件的圆角半径不宜小于最小弯曲半径,也不宜过大,因过大时材料的回弹也越大。

②压弯件的直边长度,不得小于板料厚度的两倍,过小的直边不能产生足够的弯矩,就很难得到形状准确的零件。

③材料的边缘局部弯曲时,为避免转角处撕裂,应先钻孔或切槽,将弯曲线位移一距离。

④压弯带孔零件时,孔的位置不应位于弯曲变形区内,以免使孔发生变形。

⑤压弯件的形状应对称,内圆角半径要相等,以保持材料压弯时的平衡。

压弯成形加工后出现的变形缺陷通过返工或返修才能得到矫正,但其后果不太理想,所以应以防止变形缺陷发生的措施落实为主防止变形缺陷的发生。

工件冲裁弯曲成形的质量保证、防止变形缺陷(质量缺陷)发生的主要措施是冲模的设计制造和使用,力求合理、经济和实用。冲裁弯取成形模具都是复合模具的构成。第一步是完成落料、并且准确定位,第二步是弯曲成形,连续完成工件冲裁弯曲的加工。

(2)冲裁拉深成形。冲裁拉深成形是利用复合冲裁成形模具,同时完成材料的裁切落料和拉深成形的工艺过程。其中拉深成形是在模具冲裁作用下,冲裁落料后,连续完成拉深成形的过程。

拉深是将板料在复合模具的作用下对材料产生的压延作用。通过压延使工件形成一个开口空心工件的零件。

拉深压延一般分为变薄压延和不变薄压延两种情况,冲裁拉深成形由于复合冲模功能作用的局限性,只能完成材料不变薄(或轻微变薄)工件的冲裁拉深成形。冲裁拉深成形的工件一般是薄板工件的加工,在加工过程中产生的变形缺陷主要有起皱和撕裂等。

①压延工件的起皱。如果在板料两端施加轴向压力,当压力增加到某一数值时,板料就会产生弯曲变形,这种现象称为受压失稳。压延时的起皱与板料的受压失稳相似,压延时凸缘部分受切向压应力的作用,由于板料较薄,当切向压应力达到一定值时,凸缘部分材料就失去稳定而产生弯曲,这种在凸缘的整个周围产生波浪形的连续弯曲称为起皱。

压延件起皱后,使零件边缘产生波形,影响质量,严重时由于起皱部分的金属不能通过凹模的间隙而使零件拉破。防止起皱的有效方法是采用压边圈,压边圈安装于凹模上面,与凹模表面之间留有一定的间隙,使压延过程中的凸缘便于向凹模口流动,从而防止了工件边缘起皱现象发生。

②压延工件的撕裂。工件的板料在拉深压延的过程中变形受阻形成剪切作用造成工件的撕裂;坯料边缘不光滑或有缺口,加工规范或功能不合理也可引起工件的撕裂。例如防止起皱的压边圈的间隙过小等,都可能在拉深压延的过程中造成撕裂。

为了避免在拉深压延过程中形成变形拉痕等缺陷,在拉深压延作用的冲模中对模具的形状进行优选,例如冲模的边缘圆角半径和冲模的材料选用硬质橡胶材料等,均可以防止工件撕裂的变形缺陷发生。

在拉深压延的过程中,坯料与凹模及压边圈表面产生相对滑动而摩擦,由于相互间作用力很大,造成很大的摩擦力,使压延力增加,坯料在压延时容易拉破,此外还会加速模具的磨损。所以在压延时一般都使用润滑剂来减少摩擦力和模具的磨损,并且可以防止变形缺陷的产生。

招式50 体积成形

机械工程技术中的体积成形包括锻造成形、挤压成形和弯曲成形。在钣金工艺技术中,常用锻造成形工艺技术,完成其钣金加工成形工件的工作。体积成形的特点是:工件毛坯经加热锻压等工艺加工只改变形状,不改变体积。锻造成形一般分为自由锻造和模具锻造两种方式。

(1)自由锻造。自由锻造是手工与简单的工具相结合的、在锻造机械上(包括锤击)锻造成形工件的过程。以起重吊钩为例,其锻造成形的工序过程为:

a.圆钢下料,选择圆钢的直径大于吊钩最大截面直径;

b.加热,在加热炉中将圆钢坯料加热到1000℃左右,并保温适当时间;

c.用撑子为吊钩各部截面形状锻造拨杆(撑子是凹弧形锤);

d.弯曲,按吊钩图样要求逐渐弯曲成形;

e.调矫,依据样板对工件进行精确调矫。

在起重吊钩自由锻造的过程中应注意:

a.用撑子拨杆时吊钩各部截面形状应符合图样要求,并要注意外表面基本圆滑、无锤痕等缺陷;

b.弯曲的形状和角度应符合要求,特别见吊钩部位;

c.要对照样板进行调矫,使工件锻造成形符合要求。自由锻造工艺简单实用,但精度较差,适用于小批量单件的制造。

(2)模具锻造。模具锻造和自由锻造的工艺过程基本相似。以起重吊钩为例,主要区别是工件弯曲成形时不是对照样板进行自由锻造,而是将工件弯曲的毛坯放在预制的专用模具之中(模具分上、下模具)进行锻造成形至符合要求。

模锻成形工件的精度较高,并且工艺技术并不十分复杂。其工艺过程中应保证:

a.锻造工件的模具应符合要求,主要符合图样要求;

b.工件毛坯的体积计算应精确,尽量保证工件毛坯和成品的体积基本相同。

模锻工艺技术在锻造成形中经常得到应用。除上述起重吊钩等简单工具和零件外,标准件(螺栓、螺母等)、管件等机械零件的毛坯等,大都是采取模锻的工艺加工方式进行工件成形加工。模锻工艺还能较容易地实现生产线自动控制的操作。例如在标准件自动生产线中,常利用模锻工艺技术完成工件毛坯的加工成形。

(3)复合模锻。随着锻造工艺技术的发展和锻造工艺的需要,复合模锻工艺技术得以形成和发展。在锻造成形加工的实践中,有的锻造工件采用模锻工艺方式往往很难按要求完成工件的锻造成形。例如吊环的锻造成形。首先是锻件毛坯体积计算非常重要,要求准确无误。一般简单易行的计算方法是,在量杯中放入一定量的水(要求水的高度能淹没工件),然后将工件放入有水的量杯中,水的上升的体积即是工件的体积,这种计算方法较为精确。

在吊环工件锻造过程不是一次模锻就能完成的，并且交融了多次镦锻、整形、冲孔锻造过程和成形、粗锻、精锻等模锻过程，这就是复合模锻过程特别是工件的圆环体形成和孔的冲切。从锻造技术来讲，一般必须由两个工序完成。看来貌似简单的工件，从锻造工艺技术上讲是较为复杂的。所以在工件的锻造加工中应充分考虑锻造的工艺性和经济性。

起重吊钩采用上述普通模锻可以完成，但为了使工件锻造成形更精确，也可以采取复合模锻的方法完成。

挤压成形也是体积成形的一种常用的成形方法。挤压成形与锻造成形的基本原理基本相同，只是没有自由锻造的过程，工件的毛坯下料后直接利用模具在压力机的作用下挤压成形为工件。挤压成形分为冷挤压和热挤压。挤压成形工艺技术的关键是模具的设计、制造和使用。挤压模具与锻造模具的工艺技术基本相同，只是在模具的连续作用方向上略有不同。

体积成形中所讲的弯曲成形是圆钢及型材的弯曲成形方法，工艺和工具与前面所讲的板材等弯曲成形基本相同，大体是手工弯曲成形，例如钢筋的弯制和弯钩、异形弯制等。

第四章
20招教你焊接和连接工艺

ershizhaojiaonihanjiehelianjiegongyi

焊接是被焊工件的材质,通过加热或加压或两者并用,并且用或不用填充材料,使工件的材质达到原子间的结合而形成永久性连接的工艺过程。焊接过程中,工件和焊料熔化形成熔融区域,熔池冷却凝固后便形成材料之间的连接。这一过程中,通常还需要施加压力。焊接的能量来源有很多种,包括气体焰、电弧、激光、电子束、摩擦和超声波等。

招式 51 焊条电弧焊

焊接电弧是指由焊接电源供给的,具有一定电压的两电极间或电极与焊件间,在气体介质中产生的强烈而持久的放电现象。当焊条的一端与焊件接触时,造成短路,产生高温,使相接触的金属很快熔化并产生金属蒸汽。当焊条迅速提起 2~4mm 时,在电场的作用下,阴极表面开始产生电子发射。这些电子在向阳级高速运动的过程中,与气体分子、金属蒸汽中的原子相互碰撞,造成介质和金属的电离。

由电离产生的自由电子和负离子奔向阳极,正离子则奔向阴极。在它们运动过程中和到达两极时不断碰撞和复合,使动能变为热能,产生了大量的光和热。其宏观表现是强烈而持久的放电现象,即电弧。

焊接电弧由阴极区、阳极区和弧柱区三部分组成。

阴极区:在阴极的端部,是向外发射电子的部分。发射电子需消耗一定的能量,因此阴极区产生的热量不多,放出热量占电弧总热量的 36% 左右。

阳极区:在阳极的端部,是接收电子的部分。由于阳极受电子轰击和吸入电子,获得很大能量,因此阳极区的温度和放出的热量比阴极高些,约占电弧总热量的 43% 左右。

弧柱区:是位于阳极区和阴极区之间的气体空间区域,长度相当于整个电弧长度。它由电子、正负离子组成,产生的热量约占电弧总热量的 21% 左右。弧柱区的热量大部分通过对流、辐射散失到周围的空气中。

电弧中各部分的温度因电极材料不同而有所不同。如用碳钢焊条焊碳钢焊件时,阴极区的温度约为 2400k,阳极区的温度约为 2600k,电弧中心的温度高达 5000~8000k。

焊接电弧的极性及应用:由于直流电焊时,焊接电弧正、负极上热量不同,所以采用直流电源时有正接和反接之分。所谓正接是指焊条接电源负极,焊件接电源正极,此时焊件获得热量多,温度高,熔池深,易焊透,适于焊厚件;所谓反接是指焊条接电源正极,焊件接电源负极,此时焊件获得热量少,温度低,熔池浅,不易焊透,适于焊薄件。如果焊接时使用交流电焊设备,由于电弧极性瞬时交替变化,所以两极加热一样,两极温度也基本一样,不存在正接和反接的问题。

(1)焊条电弧焊电源设备及工具

焊条电弧焊用的焊机一般采用额定电流在500A以下的具有下降外特性的弧焊电源。按产生电流种类不同,可分为直流弧焊机和交流弧焊机两大类。

交流弧焊机实际上是符合焊接要求的降压变压器。它将220V或380V的电源电压降到60~80V(即焊机的空载电压),从而既能满足引弧的需要,又能保证人身安全。焊接时,电压会自动下降到电弧正常工作时所需的工作电压20~30V,满足了电弧稳定燃烧的要求。输出电流是交流电,可根据焊接的需要,将电流从几十安培调到几百安培。它具有结构简单、制造方便、成本低、节省材料,使用可靠和维修容易等优点,缺点是电弧稳定性不如直流弧焊机,对有些种类的焊条不适用。

直流弧焊机又可分为两类:直流弧焊发电机和弧焊整流器。

直流弧焊发电机是由交流电动机和直流发电机组成。电动机通过带动发电机运转,从而发出满足焊接要求的直流电。其特点是能得到稳定的直流电,因此,引弧容易,电弧稳定,焊接质量好,但是构造复杂,制造和维修较困难,成本高,使用时噪音大。因此,一般只用在对电流有特殊要求的场合。

(2)焊条

焊条由焊芯和涂层(药皮)组成。焊条电弧焊时,焊芯既是电极,又是填充金属。涂层是矿石粉末、铁合金粉、有机物和化工制品等原料按一定比例配置后压涂在焊芯表面上的一层涂料。涂层的作用是改善焊条的焊接工艺性能,保护涂层熔化或分解后产生气体和熔渣,隔绝空气,防止熔滴和熔池金属与空气接触,通过熔渣和铁合金进行脱氧去硫、去磷、去氢等,从而获得要求的焊缝化学成分。

焊条按化学成分划分为若干类。熔渣以碱性氧化物和氟化钙为主的焊条称为碱性焊条。在碳钢焊条和低合金钢焊条中,低氢型焊条是碱性焊条;其他涂料类型的焊条均属酸性焊条。产品设计或焊接工艺规程规定用碱性焊条时,不能用酸性焊条代替。

(3)焊接工艺

焊条电弧焊工艺内容主要包括：接头和坡口形式、焊接位置、焊前准备、焊接工艺规范参数及焊后热处理。

a.接头和坡口形式。焊条电弧焊常用的基本接头形式有对接、搭接、角接和T形接，选择接头形式时，主要根据产品的结构，并综合考虑受力条件、加工成本等因素。焊条电弧焊的坡口形式基本是常用焊接坡口基本形式。

b.焊接位置。焊接时，被焊工件接缝所处的空间位置称为焊接位置。焊接位置有平焊、立焊、横焊和仰焊。

c.焊前准备。焊条烘干的目的是去除受潮涂层中的水分，以减少熔池及焊缝中的氢，防止产生气孔和冷裂纹。烘干焊条要严格按照规定的工艺参数进行。

为了保证焊缝两端焊接质量，在施焊前应在焊缝起点焊接引弧焊，按焊缝终点焊接收弧板。焊接后，用气割割掉。

d.焊接参数。焊条电弧焊的焊接参数主要包括：焊条直径、焊接电流、焊接电压、焊接速度、电源种类与极性等，其中焊接电流是最重要的工艺参数。大电流能提高生产率，但电流过大时会使焊条发热、药皮脱落，甚至工件烧穿、焊接热影响区晶粒粗大；电流过小又会造成夹渣、未焊透等缺陷。决定焊接电流的主要是依据焊条直径和焊接位置。

e.焊缝返修。焊缝返修前应首先分析并查明缺陷产生的原因，制定返修措施，最好挑选技术水平高的焊工进行返修作业。

焊缝返修一般应用碳弧气刨方式，将存在焊缝缺陷的部位刨开，并剔除缺陷，然后修整坡口，最后用焊条电弧焊方法重新焊接好，并重新检验合格。

招式 52 埋弧焊

埋弧焊(含埋弧堆焊及电渣堆焊等)是一种重要的焊接方法，其固有的焊接质量稳定、焊接生产率高、无弧光及烟尘很少等优点，使其成为压力容器、管段制造、箱型梁柱等重要钢结构制作中的主要焊接方法。近年来，虽然先后出现了许多种高效、优质的新焊接方法，但埋弧焊的应用领域依然未受任何影响。从各种熔焊方法的熔敷金属重量所占份额的角度来看，埋弧焊约占10%左右，且多年来一直变化不大。

埋弧焊是当今生产效率较高的机械化焊接方法之一,它的全称是埋弧自动焊,又称焊剂层下自动电弧焊。其特点是:

(1)生产效率高,这是因为,一方面焊丝导电长度缩短,电流和电流密度提高,因此电弧的溶深和焊丝溶敷效率都大大提高。(一般不开坡口单面一次溶深可达 20mm)另一方面由于焊剂和熔渣的隔热作用,电弧上基本没有热的辐射散失,飞溅也少,虽然用于熔化焊剂的热量损耗有所增大,但总的热效率仍然大大增加。

(2)焊缝质量高,熔渣隔绝空气的保护效果好,焊接参数可以通过自动调节保持稳定,对焊工技术水平要求不高,焊缝成分稳定,机械性能比较好。

(3)劳动条件好,除了减轻手工焊操作的劳动强度外,它没有弧光辐射,这是埋弧焊的独特优点。

埋弧自动焊主要用于焊接各种钢板结构。可焊接的钢种包括碳素结构钢,不锈钢,耐热钢及其复合钢材等。埋弧焊在造船,锅炉,化工容器,桥梁,起重机械及冶金机械制造业中应用最为广泛。此外,用埋弧焊堆焊耐磨耐蚀合金或用于焊接镍基合金,铜合金也是较理想的。

(4)埋弧焊在焊接前必须做好准备工作,包括焊件的坡口加工、待焊部位的表面清理、焊件的装配以及焊丝表面的清理、焊剂的烘干等。

①坡口加工

坡口加工要求按 GB 986—1988 执行,以保证焊缝根部不出现未焊透或夹渣,并减少填充金属量。坡口的加工可使用刨边机、机械化或半机械化气割机、碳弧气刨等。

②待焊部位的清理

焊件清理主要是去除锈蚀、油污及水分,防止气孔的产生。一般用喷砂、喷丸方法或手工清除,必要时用火焰烘烤待焊部位。在焊前应将坡口及坡口两侧各 20mm 区域内及待焊部位的表面铁锈、氧化皮、油污等清理干净。

③焊件的装配

装配焊件时要保证间隙均匀,高低平整,错边量小,定位焊缝长度一般大于 30mm,并且定位焊缝质量与主焊缝质量要求一致。必要时采用专用工装、卡具。对直缝焊件的装配,在焊缝两端要加装引弧板和引出板,待焊后再割掉,其目的是使焊接接头的始端和末端获得正常尺寸的焊缝截面,而且还可除去引弧和收尾容易出现的缺陷。

④焊接材料的清理

埋弧焊用的焊丝和焊剂对焊缝金属的成分、组织和性能影响极大。因此焊接前必须清除焊丝表面的氧化皮、铁锈及油污等。焊剂保存时要注意防潮，使用前必须按规定的温度烘干待用。

(5)埋弧焊的焊接参数主要有：焊接电流、电弧电压、焊接速度、焊丝直径和伸出长度等。

①焊接电流

一般焊接条件下，焊缝熔深与焊接电流成正比。随着焊接电流的增加，熔深和焊缝余高都有显著增加，而焊缝的宽度变化不大。同时，焊丝的熔化量也相应增加，这就使焊缝的余高增加。随着焊接电流的减小，熔深和余高都减小。

②电弧电压

电弧电压的增加，焊接宽度明显增加，而熔深和焊缝余高则有所下降。但是电弧电压太大时，不仅使熔深变小，产生未焊透，而且会导致焊缝成形差、脱渣困难，甚至产生咬边等缺陷。所以在增加电弧电压的同时，还应适当增加焊接电流。

③焊接速度

当其他焊接参数不变而焊接速度增加时，焊接热输入量相应减小，从而使焊缝的熔深也减小。焊接速度太大会造成未焊透等缺陷。为保证焊接质量必须保证一定的焊接热输入量，即为了提高生产率而提高焊接速度的同时，应相应提高焊接电流和电弧电压。

④焊丝直径与伸出长度

当其他焊接参数不变而焊丝直径增加时，弧柱直径随之增加，即电流密度减小，会造成焊缝宽度增加，熔深减小。反之，则熔深增加及焊缝宽度减小。当其他焊接参数不变而焊丝长度增加时，电阻也随之增大，伸出部分焊丝所受到的预热作用增加，焊丝熔化速度加快，结果使熔深变浅，焊缝余高增加，因此须控制焊丝伸出长度，不宜过长。

⑤焊丝倾角

焊丝的倾斜方向分为前倾和后倾。倾角的方向和大小不同，电弧对熔池的力和热作用也不同，从而影响焊缝成形。当焊丝后倾一定角度时，由于电弧指向焊接方向，使熔池前面的焊件受到了预热作用，电弧对熔池的液态金属排出作用减弱,而导致焊缝宽而熔深变浅。反之,焊缝宽度较小而熔深较大,但易使焊缝边缘产生未熔合和咬边,并且使焊缝成形变差。

招式 53 气体保护焊

气体保护焊是利用外加气体在焊接电弧周围作为保护介质的一种电弧焊方法,其优点是电弧和熔池可见性好,操作方便,没有熔渣或很少熔渣,无需焊后清渣,适应于各种位置的焊接。气体保护焊可分为熔化极气体保护焊和钨极惰性气体保护焊两种。

钢结构焊接一般采用熔化极气体保护焊。熔化极气体保护电弧焊已广泛应用于各种金属和各类结构的焊接中。熔化极气体保护焊是用某些气体(如An、He 或 CO_2 等)作为保护气体,依靠焊丝与焊件之间产生的电弧来熔化金属完成焊接的气体保护焊接方法,焊缝质量好,并且焊接速度较快。

(1)气体保护焊的特点:

①电弧和熔池的可见性好,焊接过程中可根据熔池情况调节焊接参数。

②焊接过程操作方便,没有熔渣或很少有熔渣,焊后基本上不需清渣。

③电弧在保护气流的压缩下热量集中,焊接速度较快,熔池较小,热影响区窄,焊件焊后变形小。

④有利于焊接过程的机械化和自动化,特别是空间位置的机械化焊接。

⑤可以焊接化学活泼性强和易形成高熔点氧化膜的镁、铝、钛及其合金。

⑥可以焊接薄板。

⑦在室外作业时,需设挡风装置,否则气体保护效果不好,甚至很差。

⑧电弧的光辐射很强。

⑨焊接设备比较复杂,比焊条电弧焊设备价格高。

(2)为了成功地应用熔化极气体保护焊,必须正确地考虑以下几种因素。

①焊丝的选择。焊丝选择包括焊丝尺寸的选择和焊丝成分的选择。焊丝尺寸的选择主要应考虑被焊工件厚度和焊接位置等因素。焊丝成分的选择主要考虑金属材料的焊接性能。

②保护气体的选择。熔化极气体保护电弧焊的保护气体可以是惰性气体(如 An、He)、活性气体,或者是二者的汇合气体。其目的是为了获得理想的电弧特性和焊道几何形状。钢结构的焊接一般采用 CO_2 气体为保护气体。

③工艺参数设定。焊接工艺参数(如焊接电流、电弧电压、焊接速度、保护气体流量和焊丝伸出长度等)的选择比较难,因为各工艺参数不是孤立的,而是相互影响的。焊接工艺参数都要通过大量的反复实验进行确定。

④接头形式。接头形式主要是根据工件厚度、工件材料、焊接位置和熔滴过渡形式等因素来确定坡口形式、坡口根部间隙、钝边高度和有无垫板等。

⑤焊接设备选择。选择焊接设备时,必须考虑对设备的使用要求:功率输出范围、静态特性、动态特性和送丝机特点等。

⑥焊接缺陷产生原因与防治方法。按照正确的焊接工艺焊接时,一般能得到高质量的焊缝。因熔化极气体保护焊无焊剂和焊条药皮能直接观察焊接熔池,所以可消除焊缝中的夹渣及焊接的宏观缺陷,例如咬边、未熔合和焊缝外形缺陷。

招式 54 钨极氩弧焊

钨极氩弧焊时常被称为 TIG 焊,是一种在非消耗性电极和工作物之间产生热量的电弧焊接方式;电极棒、溶池、电弧和工作物临近受热区域都是由气体状态的保护隔绝大气混入,此保护是由气体或混合气体流供应,通常是惰性气体,必须是能提供全保护,因为甚至很微量的空气混入也会污染焊道。

钨极氩弧焊以人工或自动操作都适宜,且能用于持续焊接、间续焊接(有时称为'跳焊')和点焊,因为其电极棒是非消耗性的,故可不需加入熔填金属而仅熔合母材金属做焊接,然而对于个别的接头,依其需要也许需使用熔填金属。

钨极氩弧焊是一种全姿势位置焊接方式,且特别适于薄板的焊接——经常可薄至 0.005 英寸。

焊接的金属钨极氩弧焊的特性使其能使用于大多数的金属和合金的焊接,可用钨极氩弧焊焊接的金属包括碳钢、合金钢、不锈钢、耐热合金、难熔金属、铝合金、镁合金、铍合金、铜合金、镍合金、钛合金和锆合金等等。

铅和锌很难用钨极氩弧焊方式焊接,这些金属的低熔点使焊接控制极端的困难,锌在 1663F 汽化,而此温度仍比电弧温度低很多,且由于锌的挥发而使焊道不良,表面镀铅、锡、锌、镉或铝的钢和其他在较高温度熔化的金属,可用电弧焊接,但需特殊的程序。

在镀层的金属中的焊道由于"交互合金"的结果。很可能具有低的机械性质为防止在镀层的金属焊接中产生交互合金作用,必须将要焊接的区域的表面镀层移除,焊接后再修补。

(1)钨极氩弧焊基本原理及特点

基本原理:钨极氩弧焊是在惰性气体(主要是氩气)的保护,利用钨极和工件之间产生的焊接电弧熔化母材及焊丝的一种焊接方法。焊接时,惰性气体从焊枪的喷嘴中喷出,把电弧周围一定范围的空气排出焊接区,从而为形成优质焊接接头提供了保障。

分类:按操作方式分为手工焊和自动焊。手工焊焊接时焊枪的运动和焊丝的添加完全是靠手工操作来完成的;而自动焊焊枪的运动和焊丝的添加都是由机电系统按设计程序自动完成的。在实际生产中,手工焊应用最广泛。

为了适应新材料(加热敏感性大的金属、难熔金属等)和新结构(如薄壁零件的单面焊双面成形等)的焊接要求,钨极氩弧焊出现了一些新形式,如钨极氩弧点焊和热丝氩弧焊等。

特点:氩气和氦气是惰性气体,密度比空气大,既不与金属起反应,又能够有效地隔绝空气,所以能对钨极、熔池金属及热影响区进行很好的保护,防止其被氧化、氮化;钨极氩弧焊电弧燃烧过程中,由于电极不熔化,易维持恒定的电弧长度,氩气、氦气的热导率小,又不与液态金属反应或溶解在液态金属中,故不会造成焊缝中合金元素的烧损;填充焊丝不通过电弧,不会引起很大的飞溅。整个焊接过程十分稳定,易获得良好的焊接接头质量。

钨极作为电极应具有以下特性:电弧引燃容易、可靠;工作中产生的熔化变形及耗损对电弧特性不构成大的影响;电弧的稳定性好。

钨材料具有很高的熔点,能够承受很高的温度,在很广泛的电流范围内充分具备发射电子的能力。

目前钨电极的材料有纯钨材料和钨的合金材料,经常使用的是纯钨电极、钍电极、铈电极,一些性能更好的新材料电极也在发展中。

纯钨电极要发射出等量的电子,有较高的工作温度,在电弧中的消耗较多,需要经常重新研磨,增加电极额外消耗,一般在交流钨极氩弧焊中使用。

钨极直径的选定取决于焊件的厚度,焊接电流的大小、电源的种类等特性。

钨极的端部形状对电弧稳定性的影响表现在其断面凹凸不平时,产生的电弧既不集中又不稳定,因此钨极端部必须磨光。在焊接薄板和焊接电流较小时,可用小直径钨极并将其末端磨成尖锥角,这样电弧容易引燃和稳定。但在焊接电流较大时,会因电流密度过大而使末端过热熔化并增加烧损,使弧柱明显扩散飘荡不稳而影响焊缝成形。实践表明,大电流焊接时要求钨极末端磨成纯锥角(大于90°)或带有平顶的锥形,这样可使电弧斑点稳定,弧柱的扩散减少,对焊件加热集中焊缝形成均匀。

(2)焊接工艺过程。钨极氩弧焊一般采用脉冲焊接工艺。脉冲焊接工艺包括低频和高频脉冲焊接。

低频脉冲焊接由于电流变化频率很低,对电弧形态上的变化可以有非常直观的感觉,即电弧有低频闪烁现象。峰值时间内电弧燃烧强烈,弧柱扩展;基值时间内电弧暗淡,产热量降低。

钨极氩弧焊中的低频脉冲焊工艺特点有:对于同等厚度的工件,可以采用较小的平均电流进行焊接,获得较低的电弧线能量,因此利用低频脉冲焊可以焊接薄板或超薄件,并可以用于中厚板开坡口多层焊的第一道封底;能够控制熔池尺寸使熔化金属在任何位置均不至于因重力而流淌,很好地实现全位置焊和单面焊双面、成形。

高频脉冲焊接利用了高频电弧的特点,如电弧集中、挺直性好、小电流下电弧燃烧稳定等。利用这些特点进行0.5mm以下超薄板的焊接,特别是对不锈钢超薄件的焊接,焊缝成形均匀美观。高频电弧在高速移动下仍然有良好的挺直性。在焊管作业中,焊接速度可以达到20m/rain,与直流电弧相比,速度提高1倍以上。高频脉冲焊所形成的焊道,在焊丝填充量很多时仍然呈凹形表面,对下一层的焊接没有不良影响。高频电弧对焊接熔池金属有更强的电磁搅拌作用,有利于细化金属晶粒,提高焊缝的力学性能。

钨极氩弧焊已广泛应用于钣金工件等焊接中,特别是在锅炉管道工程建设中得以普遍使用。

招式55 点焊

焊件装配成搭接接头,并在两电极之间压紧,利用电阻热熔化母材金属,形成焊点的电阻焊方法称为点焊。

点焊广泛地应用在电子、仪表、家用电器的组合件装配连接上,同时也大量地应用于建筑工程、交通运输及航空、航天工业中的冲压件、金属结构和钢筋网的焊接。

（1）点焊原理和过程。点焊是在热与机械作用下形成焊点的过程。热作用使焊件贴合面母材金属熔化；机械作用使焊接区产生必要的塑性变形，两者适当配合和共同作用是获得优质点焊接头的基本条件。

由于点焊有加热集中、温度分布陡、加热与冷却速度快等特点，若焊接参数选用不当，在结晶过程中常会出现裂纹、胡须、缩孔、结合线伸人等缺陷，其中裂纹对质量的影响最大，它的形成与被焊材料及结构、焊接参数有关，可通过减慢冷却速度和加锻压力等措施来防止热裂纹的产生。

（2）点焊工艺参数及其相互关系

①点焊工艺参数。主要工艺参数有焊接电流、焊接时间、电极压力及电极头端面尺寸。

a.焊接电流。焊接时流经焊接回路的电流称焊接电流。点焊时电流一般在数万安培以内。焊接电流过小，使热源强度不足而不能形成熔核，尺寸甚小；电流过大，使加热过于强烈，引起金属过热、喷溅、压痕过深等缺陷，使接头性能下降。

b.焊接时间。电阻焊时的每一个焊接循环中，自焊接电流接通到停止的持续时间称焊接时间。

c.电极压力。电阻焊时，通过电极施加在焊件上的压力。电极压力的大小直接影响到焊接接触面的导电面积及接触电阻大小，从而影响焊点性能。

d.电极头端面尺寸。电极头端面尺寸增大时，由于接触面积增大、电流密度减小、散热效果增强，使焊接区加热程度减弱，因而熔核尺寸减小，使焊点承载能力降低。

②工艺参数间相互关系及选择。点焊工艺参数的选择主要取决于金属材料的性质、板厚及所用设备特点。当电极材料、端面形状和尺寸选定以后，焊接规范的选择主要是考虑焊接电流、焊接时间及电极压力这三个参数，其相互配合有两种方法。

焊接电流和焊接时间的配合。这种配合是以反映焊接区加热速度快慢为主要特征。当采用大焊接电流、短焊接时间参数时称硬规范；采用小焊接电流、较长焊接时间参数时称软规范。

软规范的特点为加热平稳，焊接质量对工艺参数波动的敏感性低，焊点强度稳定;温度场分布平缓、塑性区宽,在压力作用下易变形,可减少熔核内喷溅、缩孔和裂纹倾向;对有淬硬倾向的材料,可减小接头冷裂纹倾向;所用设备装机容量小、控制精度不高,因而较便宜。但是,软规范易造成焊点压痕深、接头变形大、表面质量差;电极磨损快、生产效率低、能量消耗较大。

硬规范的特点与软规范基本相反。硬规范适用于奥氏体不锈钢、低碳钢及不等厚度板材的焊接,而软规范较适用于低合金钢、可淬硬钢、耐热合金等。

招式 56 对焊

对焊是使焊件沿整个接触面焊合的电阻焊方法。是将焊件装配成对接接头,使其端面紧密接触,利用电阻热加热至塑性状态,然后迅速施加顶锻力完成焊接的方法。在建筑工程钢筋连接时经常采用对焊方法。

(1)电阻对焊。电阻对焊的特点是先压紧,后通电。温度沿径向不易均匀,沿轴向则梯度小,且低于熔点,因此仅适宜于焊接截面小于 $250mm^2$、形态紧凑(如棒、厚壁管)、氧化物易于挤出的材料。

电阻及加热特点。电阻对焊开始时,由于接触电阻及,急剧降低,使总电阻明显下降,以后随着焊接区温度的升高,电阻率的增加影响显著。

一般情况下,焊件内部电阻对加热起主要作用,接触电阻析出的热量仅占焊接区总析出热量的 10%~15%,但由于这部分热量集中在对口,能使对口接合面温度迅速提高,从而使变形集中,有利于焊接。

焊接过程。电阻对焊焊接循环由预压、加热、顶锻、保持、休止五个程序组成,其中预压、加热、顶锻三个连续阶段组成电阻对接焊接头形成过程,而保持、休止两个程序则是电阻对焊操作中所必需的。在等压式电阻对焊中,保持与顶锻两程序合并。

预压阶段与点焊时间相同,只是由于对口接触表面上压强较小,使清除表面不平和氧化膜、形成物理接触点的作用远不如点焊时充分。

通电加热阶段,由于焊接区温度不断升高使金属塑性增加、电阻增大。

顶锻有两种方式,一是顶锻力等于焊接压力,二是顶锻力大于焊接压力。等压力方式使加压机简单,但锻压效果不如变压力方式好。合金钢的电阻对焊主要用变压方式。

电阻对焊是一种高温塑性状态下的固相焊接,其接头连接实质上有再结晶、相互扩散两种形式,但均为固相连接。

(2)闪光对焊

基本特点。闪光对焊指焊件装配成对接接头,接通电源,使其端面逐渐移近达到局部接触,利用电阻热加热这些触点(产生闪光),使端面金属熔化,直至端部在一定深度内达到预定温度时,迅速施加顶锻力完成焊接的方法。闪光对焊包括连续闪光对焊和预热闪光对焊两种。

闪光对焊的特点是先接通电源,后逐步靠近,仅个别点接触通电,电流密度极大,很快熔化并爆破,这些接触点在端面上随机变更位置,保证了均匀加热,且轴向温度梯变比电阻对焊大,热影响区窄,端面能保持一薄层熔化层,有利于排除氧化物。因此闪光对焊适宜于中、大截面焊件,可用于紧凑和展开断面、难焊材料和异性材料对接。

闪光对焊时,两焊件对接面的几何形状和尺寸应基本一致,否则将不能保证两焊件的加热和塑性变形一致,从而将影响接头质量。

在闪光对焊大断面焊件时,最好将一个焊件的端部倒角,使电流密度增大,以便于激发闪光。这样就可以不用预热或在闪光初期提高二次电压。

电阻及加热特点。闪光对焊时的接触电阻只,取决于同一时间内对口端面上存在的液体过梁数目、它们的横截面面积以及各过梁上电流线收缩所引起的电阻增加。

由于电阻的上述特点,闪光对焊时接触电阻 R,对加热起主要作用,其生产的热量占总析热量的 85%~90%。

焊接过程。连续闪光对焊焊接循环由闪光、顶锻、保持、休止四个程序组成,预热闪光对焊在其焊接循环中尚设有预热程序。

招式 57 凸焊

凸焊是在点焊基础上发展起来的,利用预先加工出的突起点或零件固有的型面、倒角来达到提高贴合面压强与电流密度的目的;同时采用较大的平板电极来降低电极与焊件接触面的压强和电流密度,从而消除了焊件表面的压痕,提高了电极寿命。凸焊主要用于焊接低碳钢和低合金钢的冲压件。凸焊的种类很多,除板件凸焊外,还有螺帽、螺钉类零件的凸焊、线材交叉凸焊、管子凸焊和板材 T 型凸焊等。

凸焊的不足之处是需要冲制凸点的附加工序；电极比较复杂；由于一次要焊多个焊点，需要使用高电极压力、高机械精度的大功率焊机。

板件凸焊最适宜的厚度为 0.5~4mm。焊接更薄的板件时，凸点设计要求严格，需要随动性极好的焊机，因此厚度小于 0.25mm 的板件更易于采用点焊。

①凸焊具有以下优点：

a.在一个焊接循环内可同时焊接多个焊点。不仅生产率高，而且没有分流影响。因此可在窄小的部位上布置焊点而不受点距的限制。

b.由于电流密度集于凸点，电流密度大，故可用较小的电流进行焊接，并能可靠地形成较小的熔核。在点焊时，对应于某一板厚，要形成小于某一尺寸的熔核是很困难的。

c.凸点的位置准确、尺寸一致，各点的强度比较均匀。因此对于给定的强度、凸焊焊点的尺寸可以小于点焊。

d.由于采用大平面电极，且凸点设置在一个工件上，所以可最大限度地减轻另一工件外露表面上的压痕。同时大平面电极的电流密度小、散热好，电极的磨损要比点焊小得多，因而大大降低了电极的保养和维修费用。

e.与点焊相比，工件表面的油、锈、氧化皮、镀层和其他涂层对凸焊的影响较小，但干净的表面仍能获得较稳定的质量。

凸焊的不足之处是需要冲制凸焊的附加工序；电极比较复杂；由于一次要焊多个焊点，需要使用高电极压力、高机械精度的大功率焊机。

②凸焊的工艺特点

凸焊是点焊的一种变形，通常是在两板件之一上冲出凸点，然后进行焊接。由于电流集中，克服了点焊时熔核偏移的缺点，因而凸焊时工件的厚度比可以超过 6:1。

凸焊时，电极必须随着凸点的被压馈而迅速下降，否则会因失压而产生飞溅，所以应采用电极随动性好的凸焊机。

多点凸焊时，如果焊接条件不适当，会引起凸点移位现象，并导致接头强度降低。实验证明，移位是由电流通过时的电磁力引起的。

在实际焊接时，由于凸点高度不一致，上下电极平行度差，一点固定一点移动要比两点同时移动的情况多。

为了防止凸点移位,除在保证正常熔核的条件下,选用较大的电极压力,较小的焊接电流外,还应尽可能地提高加压系统的随动性。提高随动性的方法,主要是减小加压系统可动部分的质量,以及在导向部分采用滚动摩擦。

多点凸焊时,为克服各凸点间的压力不均衡,可以采用附加预热脉冲或采用可转动的电极头的办法。

③凸焊的工艺参数

凸焊的工艺参数主要是电极压力、焊接时间和焊接电流。

a.电极压力

凸焊的电极压力取决于被焊金属的性能,凸点的尺寸和一次焊成的凸点数量等。电极压力应足以在凸点达到焊接温度时将其完全压馈,并使两工件紧密贴合。电极压力过大会过早地压馈凸点,失去凸焊的作用,同时因电流密度减小而降低接头强度。压力过小又会引起严重飞溅。

b.焊接时间

对于给定的工件材料和厚度,焊接时间由焊接电流和凸点刚度决定。在凸焊低碳钢和低合金钢时,与电极压力和焊接电流相比,焊接时间时次要的。在确定合适的电极压力和焊接电流后,在调节焊接时间,以获得满意的焊点。如想缩短焊接时间,就要相应增大焊接电流,但过分增大焊接电流可能引起金属过热和飞溅,通常凸焊的焊接时间比点焊长,而电流比点焊小。

c.焊接电流

凸焊的每一焊点所需电流比点焊同样一个焊点时小。但在凸点完全压溃之前电流必须能使凸点溶化,推荐的电流应该是在采用合适的电极压力下不至于挤出过多金属的最大电流。对于一定凸点尺寸,挤出的金属量随电流的增加而增加。采用递增的调幅电流可以减小挤出金属。和点焊一样,被焊金属的性能和厚度仍然是选择焊接电流的主要依据。

多点凸焊时,总的焊接电流大约为每个凸点所需电流乘以凸点数。但考虑到凸点的公差、工件形状。以及焊机次级回路的阻抗等因素,可能需要做一些调整。

凸焊时还应做到被焊两板间的热平衡,否则,在平板未达到焊接温度以前便已溶化,因此焊接同种金属时,应将凸点冲在较厚的工件上,焊接异种金属时,应将凸点冲在电导率较高的工件上。但当在厚板上冲出凸点有困难时,也可在薄板上冲凸点。

电极材料也影响两工件上的热平衡，在焊接厚度小于0.5mm的薄板时，为了减少平板一侧的散热,常用钨–铜烧结材料或钨做电极的嵌块。

招式58 缝焊

缝焊就是将焊件装配成搭接或斜对接头并置于两滚轮电极之间,滚轮加压焊件并转动,连续或断续送电,形成一条连续焊缝的电阻焊方法。

缝焊是用一对滚盘电极代替点焊的圆柱形电极，与工件作相对运动,从而产生一个个熔核相互搭叠的密封焊缝的焊接方法。

缝焊广泛应用于油桶、罐头罐、暖气片、飞机和汽车油箱,以及喷气发动机、火箭、导弹中密封容器的薄板焊接。

(1)缝焊的分类及特点。缝焊时,焊件处于恒定的压力下,根据通电和焊件运动方式的不同分为三类,即连续缝焊、断续缝焊、步进缝焊。

①连续缝焊。焊件连续匀速运动,电流持续加于焊件与滚轮的接触面上。连续缝焊一般用于焊接较薄的焊件。连续缝焊设备简单、生产率高,但缝焊中滚轮电极表面和焊件表面均有强烈过热,使焊接质量变坏及电极磨损严重。

②断续缝焊。焊件连续匀速运动,电流断续施加。由于有间隙时间,电极得以较好冷却。在同一电流密度下其工作端面温度比连续通电时低,可提高电极寿命。断续缝焊在生产中得到最广泛应用,可以制造黑色金属气密、水密和油密焊缝。

③步进缝焊。焊件间歇运动,电流也断续施加。其过程为:焊件停止—通电加热熔化—断电冷却结晶—凝固后焊件前进一步—焊件停止后通电。由于缝焊时焊件处于静止状态,故整个结晶过程均处于压力之下。步进缝焊用以制造铝合金、镁合金等的密封焊缝。

缝焊的接头形式一般为搭接接头,能够焊接的最大板厚,对于酸洗过后的低碳钢为3mm+3mm,对于热轧低碳钢为2.5mm+2.5mm。当板厚更大时,电弧焊往往比缝焊更经济。

(2)缝焊过程特点。缝焊与点焊并无实质上的不同,其过程仍是对焊接区进行适当的热—机联合作用。但是,由于缝焊接头是由局部互相重叠的连续焊点所构成,以及形成这些焊点时,焊接电流及电极压力的传递均在滚轮电极旋转—焊件移动中进行, 显然使缝焊过程比点焊过程复杂并有其自身特点。

缝焊时的预压和冷却结晶阶段都存在压力不足现象,容易引起焊接飞溅及焊后裂纹、缩孔等缺陷。此外,缝焊时由于焊轮在每一焊点上停留时间短,焊件表面散热条件差,容易过热。

(3)缝焊工艺参数。工频交流断续缝焊在缝焊中应用最广,其主要工艺参数有焊接电流、电流脉冲时间、脉冲间隔时间、电极压力、焊件速度及滚轮电极端面尺寸。

①焊接电流。考虑缝焊时的分流,焊接电流应比点焊时增加15%~40%。随着焊接电流增大,焊透率及重叠量增加,焊缝强度及密封性也提高。

②电流脉冲时间和脉冲间隔时间。缝焊时,可通过电流脉冲时间来控制熔核尺寸,调整脉冲间隔时间来控制熔核的重叠量,因此,两者应当有适当的配合。随着脉冲间隔时间的增加,焊透率及重叠量均下降。

③电极压力。考虑缝焊时压力作用不充分,电极压力应比点焊时增加20%~50%,具体数值视材料的高温塑性而定。

电极压力增大时,将使熔核宽度显著增加、重叠量下降,破坏了焊缝的密封性,电极的压力对焊透率的影响较小。

④焊接速度。焊接速度是缝焊过程中的一个重要参数,其大小决定了焊轮电极与焊缝上各点作用时间的长短,从而影响了加热时间、电极压力作用效果及焊轮对焊件的冷却效果等。焊接速度越小,加热越平缓,对焊件的加压效果越好,对焊件表面的冷却效果也越好,从而提高了焊缝质量和电极寿命。焊接速度过快,电流过小,会出现未焊透现象;焊速过慢、电流过大,则会出现过热现象。

⑤滚轮电极端面尺寸。滚轮电极端面尺寸直接影响与焊件的接触面长度,直径越大,接触长度越长,从而电流密度小、散热快、熔核小。

招式59 气焊

气焊是利用可燃气体与助燃气体混合燃烧生成的火焰为热源,熔化焊件和焊接材料使之达到原子间结合的一种焊接方法。

助燃气体主要为氧气,可燃气体主要采用乙炔、液化石油气等。所使用的焊接材料主要包括可燃气体、助燃气体、焊丝、气焊熔剂等。特点:设备简单不需用电。设备主要包括氧气瓶、乙炔瓶(如采用乙炔作为可燃气体)、减压器、焊枪、胶管等。由于所用储存气体的气瓶为压力容器、气体为易燃易爆气体,所以该方法是所有焊接方法中危险性最高的之一。

气焊的优点:由于所用的设备和工具简单,通用性大,焊接较薄较小的工件时不易烧穿,并在无电源的条件下也能使用。气焊的缺点:热量分散,工件受热面积大,热影响区较宽,因此焊接变形大,焊接接头晶粒粗大,综合力学性能差。气焊一般用氧—乙炔混合气体火焰作为加热热源。

(1)气焊常用气体

①乙炔。乙炔是碳氢化合物(C_2H_2),在常温和大气压下是无色有味气体,有如下特性:

a.乙炔温度超过300℃或压力超过0.15MPa时,遇火就会爆炸。

b.乙炔与空气或氧气混合,爆炸性大大增加。混合气体中任何部分达到自然温度或遇到火星时,在常温下也会爆炸。

②氧气。乙炔只有在纯氧中燃烧,才能达到最高温度。因此,用于焊接的氧气纯度要达到99.5%。

(2)气焊设备

气焊设备由氧气瓶、氧气减压器、乙炔发生器(或乙炔瓶和乙炔减压器)、回火保险器、焊炬和橡皮管等组成。

①氧气瓶。氧气瓶是储存和运输高压氧气的容器,瓶体漆成天蓝色,并漆有"氧气"黑色字样。氧气瓶容量一般为40L,额定工作压力为15MPa。

②减压器。减压器是将气瓶中高压气体的压力减到气焊所需压力的一种调节装置。减压器不但能减低压力,调节压力,而且能使输出的气体压力保持稳定,不会因气源压力降低而降低。减压器有氧气减压器、乙炔减压器和丙烷减压器等。

③乙炔发生器(或乙炔瓶)。乙炔发生器是一种用水分解电石(CaC)而获得乙炔的装置,是制取和储存乙炔的设备。发生器的装置形式可分为移动式和固定式两类。

移动式的乙炔发生器构造简单、体积小、重量轻、便于移动,它的产气率一般在3m³/h以下,是用于工作不固定和气体需要量不大的场所,尤其适用于钢结构安装现场使用。

固定式乙炔发生器的产气率一般在10—500m³/h以上,乙炔纯度较高,压力也稳定,由于它的体积大,不便于移动,因此适于用气量较大的固定场所。乙炔发生器中的电石装在发生器的内筒中,当未切割时,内筒中的气体压力使水从内桶排出,从而电石与水脱离接触,停止产生乙炔气;进行气割时,内桶中气体减少,压力下降,水面上升,电石又与水作用产生乙炔气,源源不断地供切割用气使用。

乙炔是易燃易爆气体,为安全起见,乙炔发生器内桶上部装有防爆膜。桶内压力过大时,防爆膜即自行破裂,以防止乙炔发生器爆炸。

使用乙炔发生器必须遵守安全操作规程,设备要有专人保管和使用;严禁接近明火;禁止敲击和碰撞乙炔发生器;气割工作场地要距乙炔发生器10m以外;夏天要防止曝晒;冬天应防止冻结;要定期清洗和检查。

乙炔发生器重要的附件是回火保险器。正常气割时,火焰在割炬的割嘴外面燃烧,但当发生气体供应不足或管路割嘴阻塞等情况时,将因气体流速小于其燃烧速度而使火焰沿乙炔管路向里燃烧,这种现象称为"回火"。如果回火火焰蔓延到乙炔发生器,就可能引起爆炸事故。回火保险器的作用是截住回火气流,保证乙炔发生器的安全。

乙炔发生器有各种不同的规格和型号。小型的乙炔发生器由于使用的安全性较差,当前一般被专用乙炔钢瓶所取代。

④焊炬。焊炬是气焊的专用焊接工具。焊炬在气焊时,用于控制气体的混合比、留量及火焰。焊炬可分为射吸式焊炬和等压式焊炬两种。

(3)气焊的焊接操作要求

气焊焊炬操作可参考气割操作和焊条电弧焊的操作,做好焊前准备、破口制备及安全操作等。气焊工艺参数比较简单,但气焊要求气焊工应具备实际经验和较强的操作技术,所以气焊工应经常实践并总结操作技能,以指导气焊操作。

招式60 钎焊

钎焊是利用熔点比母材(被钎焊材料)熔点低的填充金属(称为钎料或焊料),在低于母材熔点、高于钎料熔点的温度下,利用液态钎料在母材表面润湿、铺展和在母材间隙中填缝,与母材相互溶解与扩散,而实现零件间的连接的焊接方法。钎焊机较之熔焊,钎焊时母材不熔化,仅钎料熔化;较之压焊,钎焊时不对焊件施加压力。钎焊形成的焊缝称为钎缝。钎焊所用的填充金属称为钎料。

钎焊过程：表面清洗好的工件以搭接型式装配在一起,把钎料放在接头间隙附近或接头间隙之间。当工件与钎料被加热到稍高于钎料熔点温度后,钎料熔化（工件未熔化）,并借助毛细管作用被吸入和充满固态工件间隙之间,液态钎料与工件金属相互扩散溶解,冷凝后即形成钎焊接头。

目前,钎焊技术在各工业部门得到越来越多的应用,这是由于它与熔焊和压焊相比具有一些独特的优点。首先,钎焊温度比较低,钎焊加热温度一般远低于母材的熔点,因而对母材的物理化学性能通常没有明显的不利影响;其次,在低的钎焊温度下,可对焊件整体均匀加热,引起的应力和变形小,容易保证焊件的尺寸精度;再者,对于不少异种金属、金属与非金属材料的连接,如铝—不锈钢、钛—不锈钢、金属—陶瓷、金属—复合材料等,用其他焊接方法往往难以甚至无法实现连接,但采用钎焊却可以解决;另外,钎焊对热源要求较低,工艺过程较为简单,故极易实现生产过程的自动化,保证焊件具有更高的可靠性。

(1)钎焊焊接过程

钎焊形成接头的过程就是液态钎料填充接头间隙(简称填缝),并同母材发生相互作用和随后钎缝冷却结晶的过程。钎料的钎焊连接必须保证液态钎料充分润湿母材基体,并在毛细作用下致密地填满母材间隙,从而使两者很好地相互作用,以得到一个优质的接头。

钎焊时,对液态钎料的要求主要不是沿固态母材表面的自由铺展,而是尽可能填满钎缝的全部间隙。通常钎缝间隙很小,如同毛细管。在实际生产中,绝大部分钎焊时,钎料是依靠毛细作用在钎缝间隙内流动的。因此,钎料能否填满钎缝取决于它在母材间隙中的毛细流动特性。

钎料填充间隙的好坏也取决于它对母材的润湿性。显然,钎焊时只有在液态钎料能充分润湿母材的条件下钎料才能填满钎缝。

(2)影响钎料润湿性和填缝性的因素

①钎料和母材的成分。钎料和母材的成分对润湿性有着重要的影响。一般液体钎料与母材间有一定的互溶度,通常就能很好地润湿,反之则较难润湿。

对于那些与母材无相互作用因而润湿性差的钎料,在钎料中加入能与母材形成共同相的合金元素,就可以改善它对母材的润湿性。能与母材无限固溶的合金元素可显著减小界面张力,从而使钎料润湿性得到明显的改善。对与母材形成金属间化合物的元素,其小界面张力的作用有限,提高钎料润湿性的作用也就较弱。

②温度。随着温度的升高,液体的表面张力不断减小,有助于提高钎料的润湿性。随着钎焊温度的提高,钎料的铺展面积显著增大。

为使钎料具有必要的润湿性,选择合适的钎焊温度是很重要的,但并非加热温度越高越好。温度过高,钎料的润湿性太强,往往造成钎料流失,因此,必须全面考虑钎焊加热温度的影响。

③金属表面氧化物。金属表面总是存在氧化物。在有氧化膜的金属表面上,液态钎料往往凝聚成球状,不与金属发生润湿,也不发生填缝。氧化物对钎料润湿性的这种有害作用,是由于氧化物的表面张力比金属本身的要低得多。所以在钎焊中应十分注意清除钎料和母材表面的氧化物,以保证润湿性。

④母材表面状态。母材表面粗糙度在不少情况下也影响到钎料对它的润湿。可以认为液态钎料具备良好润湿性时,表面粗糙度越大,越容易润湿。

⑤表面活性物质。凡是能使溶液表面张力显著减小、促使溶液的表面自由能降低而发生正吸附的物质,称为表面活性物质。因此,当液态钎料中加有表面活性物质时,它的表面张力将明显减小,使母材的润湿性得到改善。表面活性物质的这种有益作用,已在生产中加以利用。

(3)钎料、钎剂及其选用

钎焊材料包括钎料和钎剂。钎料和钎剂的合理选择对钎焊接头的质量有着举足轻重的作用。

①钎料及其选用。为了满足接头性能和钎焊工艺的要求,钎料应具有合适的熔点,一般情况下它的液相线要低于母材固相线 40~50℃;在钎焊温度下具有良好的润湿作用,能充分填充接头间隙;与母材的物理、化学作用应保证它们之间形成牢固的结合;成分稳定,尽量减少钎焊温度下元素的损耗,少含或不含稀有金属和贵重金属;能满足钎焊接头物理、化学及力学性能等要求。钎料可制成丝、棒、片、箔、粉状,也可根据需要以特殊形状(如环形或膏状)供应。

钎料通常按其主要成分和熔化温度范围分为软钎料和硬钎料两大类。软钎料(也称易熔钎料)有锡基、铅基、锌基、镉基、镓基等合金;硬钎料(也称难熔钎料)有铝基、银基、铜基、锰基、镍基等合金。

钎料的选用应从使用要求、钎料与母材的相互匹配以及经济角度等多方面进行全面考虑。从使用要求出发,对钎焊接头强度要求不高和工作温度不高的,可用软钎料钎焊,钢结构中应用最广泛的是锡铅钎料;对钎焊接头强度要求比较高的,则应用硬钎料钎焊,主要是铜基钎料和银基钎料。对在低温下工作的接头,应使用含锡量低的钎料;要求高温强度和抗氧化性好的接头,宜用镍基钎料。

②钎剂及其选用。钎剂的主要作用是去除母材和液态钎料表面上的氧化物,保护母材和钎料在加热过程中不致进一步氧化,以及改善钎料对母材表面的润湿能力。钎剂的组分按功能可划分为三类,一是基质,二是去膜剂,三是界面活性剂。基质是钎剂的主要成分,它控制着钎剂的熔点,并且又是钎剂中其他组元的溶剂;去膜剂主要起去除母材和钎料表面氧化膜的作用;界面活性剂的作用是进一步降低熔化钎料和母材的界面张力,加速清除氧化膜并改善钎料的铺展。应该指出,上述每种组分的作用往往不是单一的,而是共同起着三方面的功能。

钎剂可分为软钎剂、硬钎剂、铝用钎剂和气体钎剂等。

a.软钎剂。软钎剂主要是指在45℃以下钎焊用钎剂,它主要分非腐蚀性钎剂和腐蚀性钎剂两大类。

非腐蚀性钎剂:对母材几乎没有腐蚀性。松香、胺和有机卤化物等都属于非腐蚀性钎剂。钎剂残渣不腐蚀母材和钎缝,或者腐蚀性很小。

腐蚀性钎剂:对钎焊接头具有强烈的腐蚀性,钎焊后的残留物必须彻底洗净。氯化锌水溶液是最常用的腐蚀性软钎剂。

b.硬钎剂。硬钎剂是指在450℃以上钎焊用钎剂。黑色金属常用硬钎剂的主要组分是硼砂、硼酸及其混合物。硼砂、硼酸及其混合物的黏度大、活性温度相当高,必须在800℃以上使用;能适用于熔化温度较高的一些钎料,如铜锌钎料在钎焊碳钢时用;同时钎剂残渣难于清除。

c.气体钎剂。气体钎剂是炉中钎焊和气体火焰钎焊过程中起钎剂作用的一种气体,它们的最大优点是钎焊后没有固体残渣,钎后工件不需清洗。

炉中钎焊时,最常用的气体钎剂是三氟化硼,三氟化硼是添加在惰性气体中使用的,主要用于在高温下钎焊不锈钢等。

所有用于气体钎剂的化合物的汽化产物均有毒性,使用时应采取相应的安全措施。

③钎料和钎剂的匹配。钎焊采用钎剂去膜时,不能仅从钎剂的去膜能力来做选择,必须与钎料的特点和具体加热方法结合起来。首先要保证钎剂的活性温度范围(钎剂稳定有效发挥去膜能力的温度区间)覆盖整个钎焊温度,其次是钎剂与钎料的流动、铺展进程要协调。

钎焊时钎料最好在钎剂完全熔化后的 5~10s 即开始熔化,这时最易赶上钎剂的活性高潮。这种时间间隔当然主要取决于钎剂及钎料本身的熔化温度,但也可以通过加热速度来进行一定的调节。快速加热将缩短钎剂和钎料熔化温度时间间隔,缓慢加热则延长两者的时间间隔。

在钎焊温度下钎料与母材的液相互熔度如果很大,就应注意不能让钎料在高温下过多停留,否则将可能产生严重的熔蚀。为加快钎料的铺展,这时应当控制钎剂熔化的时间,保证使钎剂的活性高潮在钎料熔化时就正好已经到达,这样钎料一熔化就铺展流走。

有时工件质量或体积较大,传热需要时间,则可采用先预热保温,后加热钎焊的方法。这些方法就可有效地调控钎剂和钎料熔化温度区间,使得钎料和钎剂较为协调地发挥作用。

(4)钎焊工艺及质量控制

合理的钎焊工艺是获得优质接头的重要保证。钎焊工艺的制定主要围绕和确保钎焊过程的顺利进行,即确保钎料、钎剂的流动、铺展、填缝过程的充分以及钎料与母材相互间作用过程的适宜。

①钎焊方法

a.火焰钎焊。利用可燃气体或液体燃料的汽化产物与氧或空气混合燃烧所形成的火焰进行钎焊。最常用的是氧—乙炔焰加热。火焰钎焊是一个局部加热过程,易使焊件引起应力或应变,同时要求操作者具有较高的操作技能。

b.盐浴钎焊。实际上是将熔化的钎剂作为加热介质,恒温控制。将装配好钎料的工件浸入装满熔态钎剂的槽中,待钎料熔化而完成钎焊。这种方法最大的优点是工件升温速度极快,并且加热十分均匀,钎焊温度可精确控制。

c.金属浴钎焊。将熔化的钎料作为加热介质,恒温控制。将装配好的工件涂覆钎剂后浸入熔化钎料的液槽完成钎焊。这种方法最大的优点是装配容易,生产率高,能够一次完成大量多种和复杂钎缝的钎焊。

d.感应钎焊。由高频或中频发生器输出的电能经良好匹配的感应圈,来感应工件进行加热钎焊。这是一种由金属工件自身发热的方法来熔化钎料并使之铺展的方法。

e.炉中钎焊。这是应用最广泛的一种钎焊方法。它是用电阻丝或其他加热元件来加热炉膛,使在其中的工件得以升温钎焊。

②钎焊工艺程序。钎焊工艺程序包括如下步骤:

a.表面处理。清除焊件表面油污和氧化物,必要时可在表面镀覆各种有利于钎焊的金属涂层。

b.装配和固定。保证钎焊零件间的相互位置和间隙不变。对于尺寸、结构简单的零件,可采用较简单的固定方法。

c.钎料和钎剂位置的选择或预置。应便于液态钎料能够在纵横复杂的钎缝中获得最理想的走向。

d.正确选择钎焊的工艺参数。包括钎焊温度、升温速度、保温时间及冷却速度等。

e.按选定的钎焊方法实施钎焊。

f.质量检验和清洗。检验钎缝质量,清除腐蚀性的钎剂残留物和影响钎缝外观的堆积物。

以上工序对不同钎焊产品有不同的具体技术要求和质量标准,应根据实际情况予以制定。

③钎焊缺陷及质量控制。钎焊生产过程中,接头常常会出现一些缺陷,如气孔、夹渣、未焊透、裂缝和熔蚀、熔析等。这些缺陷的存在,难以保证接头的质量。因此,分析钎焊接头缺陷的成因,制定防止措施,是钎焊质量控制的经常性工作。

a.接头不致密。钎缝中各种气孔、夹渣、未钎透、裂缝等缺陷的存在不仅降低接头的强度,也使接头的气密性大受影响。这类不致密性缺陷的产生除与钎焊工艺参数(温度、保温时间、冷却速度)不当,焊前清理不干净,钎料、钎剂不合适有关系外,还与钎焊过程中熔化钎料及钎剂的填缝过程有很大关系。在一般钎焊过程中,尤其对较大钎接面的接头,要完全消除这类缺陷是很困难的,但仍应采用相应的措施,尽量减少其产生的可能性。下面的措施有利于提高钎缝致密性。

适当增大钎缝间隙;适当增大间隙,可使缝隙表面高低不平而造成的缝隙差值较小,因而毛细作用力比较均匀,这样有助于钎料比较均匀的填缝,可

以减少由于小包围现象而形成的缺陷;

采用不等间隙。间隙也就是不平行间隙。完全采用不等间隙,焊件的装配精度难以保证,可以采用部分不等间隙。不等间隙也有利于减少大包围现象,因为熔化的钎料总先在小间隙外围形成钎角,再向大间隙外围推进。

b.熔析和熔蚀。钎焊时钎缝往往并不光滑,有的钎焊在钎料的流入端留下一个剩余的钎料瘤,有时又会留下一个凹坑,前者称为熔析,后者称为熔蚀。两者产生的根本原因,在于钎料的组成和钎焊温度搭配不当。

熔蚀是钎焊的一种特殊缺陷,它是母材向钎料过渡熔解所造成的。

研究表明,正确地选择钎料是避免产生熔蚀现象的主要途径。钎焊时不应因母材向钎料的熔解而使钎料熔点进一步下降,否则母材就可能发生过量的熔解,其熔蚀倾向就较大;反之,熔蚀的倾向就小。

另外,钎焊温度越高,母材熔解到液相钎料中的数量越多,加之温度升高,熔解速度增大,促使母材更快熔解。保温时间过长,也将为母材与钎料相互作用创造更多的机会,也容易产生熔蚀。同样,钎料量越多,母材的熔解也越大,这对于薄件的钎焊影响更为严重。

c.母材的自裂。许多高强度材料,钎焊时在与熔化钎料接触过的地方容易产生自裂现象。这种自裂现象常出现在焊件受到锤击或划痕的地方,以及存在冷作硬化的焊件上。当焊件被刚性固定或者钎焊加热不均匀时,容易产生自裂。可见,钎焊过程中的自裂是在应力作用下,在被液态钎料润湿过的地方发生的。

为了消除自裂,从减小内应力出发可以采用退火材料代替淬火材料;有冷作硬化的焊件预先进行退火处理;减小接头在加热时尽量能自由膨胀和收缩;降低加热速度,尽量减少产生热应力的可能性。此外,在满足钎焊接头性能要求的前提下,尽量选用熔点低的钎料,因为这样可降低钎焊温度,使热应力减少、母材自裂的可能降低。

招式61 带极堆焊技术

用电焊或气焊法把金属熔化,堆在工具或机器零件上的焊接法。通常用来修复磨损和崩裂部分。

带极电渣堆焊是利用导电熔渣的电阻热熔化堆焊材料和母材,整个堆焊

过程应设有电弧产生。为了获得稳定的电渣堆焊过程,有以下技术关键:

(1)焊接电源。在电渣堆焊过程中,渣池的稳定性对堆焊质量影响极大,而电压的波动又是影响渣池稳定性的最关键因素,故希望堆焊过程电压波动最小,因此要求选用恒压特性的直流电源。此外,电源应具有低电压,大电流输出、控制精度高、较强的补偿网路电压波动的能力和可靠的保护性能。电源的额定电流视所用带宽而异,一般对 60mm×0.5mm 带极,额定电流为 1500A,90mm×0.5mm 为 2000A,120mm×0.5mm 为 2500A。

(2)焊剂。获得稳定电渣过程的另一个必要条件是焊剂必须具有良好的导电性。一般电渣堆焊焊剂的电导率需达 2~3Ω-1cm-1,为普通埋弧焊焊剂的 4~5 倍。目前国内外采用的电渣焊剂多为烧结型。焊剂电导率的大小,取决于焊剂组分中氟化物($NaF.CaF_2$、Na_3AlF_6 等)的多少,当氟化物(质量分数)少于 40%,堆焊过程为电弧过程,在 40%~50% 范围大致是电弧、电渣联合过程;当氟化物大于 50% 后,可形成全电渣过程。CaF_2 既是良好的导电材料又是主要的造渣剂,因此 CaF_2 通常是电渣堆焊焊剂的主要成分。

除了导电性外,焊剂还需有良好的堆焊工艺性(脱渣、成形、润湿性)及良好的冶金特性(合金元素烧损小,不利元素增量少),适宜的粒度(一般比埋弧焊焊剂粒度细)。

(3)磁控装置。对于宽带极(带极宽度大于 60mm)电渣堆焊,由于磁收缩效应,会使堆焊层产生咬边,随着带极宽度增加,堆焊电流增大,咬边现象越重,因此必须采用外加磁场的方法来防止咬边的产生(磁控法)。同时必须合理布置磁极位置,选择合理的激磁电流大小,外加磁场太强或太弱均会影响堆焊焊道的成形。二个磁极的磁控电流应可分别调整。比如对于非预热的平焊位置的工件,当带极为 60mm×0.5mm 时,磁控装置的南、北极控制电流分别为 1.5A 和 3.5A;对于 90mm×0.5mm 的带极则分别为 3A 和 3.5A。

(4)工艺参数的控制。采用合理的堆焊工艺参数是保证电渣堆焊过程稳定,焊缝质量良好的有效手段。影响带极电渣堆焊质量的工艺参数最主要的有焊接电压、电流和焊接速度,其次还有干伸长,焊剂层厚度,焊道间搭接量、焊接位置等。

① 精确控制焊接电压对带极电渣堆焊具有重要意义,当电压太低,有带极粘连母材的倾向。电压太高,电弧现象明显增加,熔池不稳定,飞溅也增大,推荐的焊接电压可在 20~30V 之间优选。

② 焊接电流对带极电渣堆焊质量影响也较大。焊接电流增加,焊道的熔深、熔宽、堆高均随这增加,而稀释率略有下降,但电流过大,飞溅会增加。不同宽度的带极应选择不同的焊接电流,比如对 φ75mm×0.4mm 的带极,电流可在 1000~1300A 之间优选。

③ 随着焊接速度的增加,焊道的熔宽和堆高减小,熔深和稀释率增加,焊速过高,会使电弧发生率增加,为控制一定的稀释率,保证堆焊层性能,焊接速度一般控制在 15~17cm/min。

④ 带级电渣堆焊时,母材倾角会影响稀释率和焊道成形,一般推荐采用水平位置或稍带坡度(1º~2º)的上坡焊为宜。

⑤ 其他一些参数的推荐值为:带极伸出长度为 25~35mm,焊剂厚度 25~35mm,焊道搭接量 5~l0mm。

近年来国内外在加氢控制反应器、煤气工程热壁交换炉、核电站设备中压力容器的内表面大面积堆焊中均得到了广泛应用。

招式62 等离子弧焊

气体由电弧加热产生离解,在高速通过水冷喷嘴时受到压缩,增大能量密度和离解度,形成等离子弧。它的稳定性、发热量和温度都高于一般电弧,因而具有较大的熔透力和焊接速度。形成等离子弧的气体和它周围的保护气体一般用氩。根据各种工件的材料性质,也有使用氦或氩氦、氩氢等混合气体的。等离子弧有两种工作方式。一种是"非转移弧",电弧在钨极与喷嘴之间燃烧,主要用于等离子喷镀或加热非导电材料;另一种是"转移弧",电弧由辅助电极高频引弧后,电弧燃烧在钨极与工件之间,用于焊接。形成焊缝的方式有熔透式和穿孔式两种。前一种形式的等离子弧只熔透母材,形成焊接熔池,多用于 0.8~3 毫米厚的板材焊接;后一种形式的等离子弧只熔穿板材,形成钥匙孔形的熔池,多用于 3~12 毫米厚的板材焊接。此外,还有小电流的微束等离子弧焊,特别适合于 0.02~1.5 毫米的薄板焊接。等离子弧焊接属于高质量焊接方法。焊缝的深宽比大,热影响区窄,工件变形小,可焊材料种类多。特别是脉冲电流等离子弧焊和熔化极等离子弧焊的发展,更扩大了等离子弧焊的使用范围。

(1)等离子弧焊的特点:

①可以焊接箔材和薄板。

②具有小孔效应,能较好实现单面焊双面自由成形。

③等离子弧能量密度大,弧柱温度高,穿透能力强,10~12mm 厚度钢材可不开坡口,能一次焊透双面成形,焊接速度快,生产率高,应力变形小。

④设备比较复杂,气体耗量大,只宜于室内焊接。

等离子弧焊广泛应用于工业生产,特别是航空航天等军工和尖端工业技术所用的铜及铜合金、钛及钛合金、合金钢、不锈钢、钼等金属的焊接,如钛合金的导弹壳体,飞机上的一些薄壁容器等。

(2)离子弧焊基本方法

常用的等离子弧焊基本方法有小孔型等离子弧焊、熔透型等离子弧焊和微束等离子弧焊三种。

①小孔型等离子弧焊 使用较大的焊接电流,通常为 50~500A,转移型弧。施焊时,压缩的等离子焰流速度较快,电弧细长而有力,为熔池前端穿透焊件而形成一个小孔,焰流穿过母材而喷出,称为"小孔效应"。随着焊枪的前移,小孔也随着向前移动,后面的熔化金属凝固成焊缝。由于等离子弧能量密度的提高有一定限制,因此小孔型等离子弧焊只能在有限厚板内进行焊接。

②熔透型等离子弧焊 当等离子气流量较小、弧柱压缩程度较弱时,此种等离子弧在焊接过程中只熔化焊件而不产生小孔效应,焊缝成形原理与钨极氩弧焊相似,称为熔透型等离子弧焊,主要用于厚度小于 2~3mm 的薄板单面焊双面成形及厚板的多层焊。

③微束等离子弧焊焊接电流 30A 以下熔透型焊接称为微束等离子弧焊。采用小孔径压缩喷嘴及联合型弧,当焊接电流小至 1A 以下,电弧仍能稳定地燃烧,能够焊接细丝和箔材。

(3)等离子弧焊的工艺参数

①焊接电流

焊接电流是根据板厚或熔透要求来选定。焊接电流过小,难于形成小孔效应;焊接电流增大,等离子弧穿透能力增大,但电流过大会造成熔池金属因小孔直径过大而坠落,难以形成合格焊缝,甚至引起双弧,损伤喷嘴并破坏焊接过程的稳定性。因此,在喷嘴结构确定后,为了获得稳定的小孔焊接过程,焊接电流只能在某一个合适的范围内选择,而且这个范围与离子气的流量有关。

②焊接速度

焊接速度应根据等离子气流量及焊接电流来选择。其他条件一定时,如果焊接速度增大,焊接热输入减小,小孔直径随之减小,直至消失,失去小孔效应。如果焊接速度太低,母材过热,小孔扩大,熔池金属容易坠落,甚至造成焊缝凹陷、熔池泄漏现象。因此,焊接速度、离子气流量及焊接电流等这三个工艺参数应相互匹配。

③喷嘴离工件的距离

喷嘴离工件的距离过大,熔透能力降低;距离过小,易造成喷嘴被飞溅物堵塞,破坏喷嘴正常工作。喷嘴离工件的距离一般取 3~8mm。与钨极氩弧焊相比,喷嘴距离变化对焊接质量的影响不太敏感。

④等离子气及流量

等离子气及保护气体通常根据被焊金属及电流大小来选择。大电流等离子弧焊接时,等离子气及保护气体通常采取相同的气体,否则电弧的稳定性将变差。小电流等离子弧焊接通常采用纯氩气作等离子气。这是因为氩气的电离电压较低,可保证电弧引燃容易。

离子气流量决定了等离子流力和熔透能力。等离子气的流量越大,熔透能力越大。但等离子气流量过大会使小孔直径过大而不能保证焊缝成形。因此,应根据喷嘴直径、等离子气的种类、焊接电流及焊接速度选择适当的离子气流量。利用熔入法焊接时,应适当降低等离子气流量,以减小等离子流力。

保护气体流量应根据焊接电流及等离子气流量来选择。在一定的离子气流量下,保护气体流量太大,会导致气流的紊乱,影响电弧稳定性和保护效果。而保护气体流量太小,保护效果也不好,因此,保护气体流量应与等离子气流量保持适当的比例。

小孔型焊接保护气体流量一般在 15~30L/min 范围内。采用较小的等离子气流量焊接时,电弧的等离子流力减小,电弧的穿透能力降低,只能熔化工件,形不成小孔,焊缝成形过程与 TIG 焊相似。这种方法称为熔入型等离子弧焊接,适用于薄板、多层焊的盖面焊及角焊缝的焊接。

⑤引弧及收弧

板厚小于 3mm 时, 可直接在工件上引弧和收弧。利用穿孔法焊接厚板时,引弧及熄弧处容易产生气孔、下凹等缺陷。对于直缝,可采用引弧板及熄弧板来解决这个问题。先在引弧板上形成小孔,然后再过渡到工件上去,最后将小孔闭合在熄弧板上。

大厚度的环缝,不便加引弧板和收弧板时,应采取焊接电流和离子气递增和递减的办法在工件上起弧,完成引弧建立小孔并利用电流和离子气流量衰减法来收弧闭合小孔。

⑥接头形式和装配要求

工件厚度大于 1.6mm 时,采用 I 形坡口,用穿孔法单面焊双面成形一次焊透。工件厚度小于 1.6mm,采用微束等离子弧焊时,接头形式有对接、卷边对接、卷边角接、端面接头。

招式63 摩擦焊

摩擦焊是指在压力作用下,通过待焊工件的摩擦界面及其附近温度升高,材料的变形抗力降低、塑性提高、界面氧化膜破碎,伴随着材料产生塑性流变,通过界面的分子扩散和再结晶而实现焊接的固态焊接方法。

(1)摩擦焊通常由以下步骤构成:

①机械能转化为热能;②材料塑性变形;③热塑性下的锻压力;④分子间扩散再结晶。

摩擦焊相较传统熔焊最大的不同点在于整个焊接过程中,待焊金属获得能量升高达到的温度并没有达到其熔点,即金属是在热塑性状态下实现的类锻态固相连接。

相对传统熔焊,摩擦焊具有焊接接头质量高——能达到焊缝强度与基体材料等强度,焊接效率高、质量稳定、一致性好,可实现异种材料焊接等。

(2)摩擦焊的分类:包括惯性摩擦焊、径向摩擦焊、线性摩擦焊、轨道摩擦焊、搅拌摩擦焊等。

(3)搅拌摩擦焊技术特点:

搅拌摩擦焊作为一项新型焊接方法,用很短的时间就完成了从发明到工业化应用的历程。目前,在国际上还没有针对搅拌摩擦焊公布的统一技术术语标准,在搅拌摩擦焊专利许可协会的影响下,业界已经对搅拌摩擦焊方法中所涉及到的通用技术术语进行了定义和认可。

搅拌摩擦焊是一种在机械力和摩擦热作用下的固相连接方法。搅拌摩擦焊过程中，一个柱形带特殊轴肩和针凸的搅拌头旋转着缓慢插入被焊接工件,搅拌头和被焊接材料之间的摩擦剪切阻力产生了摩擦热,使搅拌头邻近区域的材料热塑化(焊接温度一般不会达到和超过被焊接材料的熔点),当搅拌头旋转着向前移动时,热塑化的金属材料从搅拌头的前沿向后沿转移,并且在搅拌头轴肩与工件表层摩擦产热和锻压共同作用下,形成致密固相连接接头。

搅拌摩擦焊具有适合于自动化和机器人操作的诸多优点,对于有色金属材料(如铝、铜、镁、锌等)的连接,在焊接方法、接头力学性能和生产效率上具有其他焊接方法无可比拟的优越性,它是一种高效、节能、环保型的新型连接技术。

但是搅拌摩擦焊也有其局限性,例如:焊缝末尾通常有匙孔存在(目前已可以实现无孔焊接);焊接时的机械力较大,需要焊接设备具有很好的刚性;与弧焊相比,缺少焊接操作的柔性;不能实现添丝焊接。

搅拌摩擦焊对材料的适应性很强,几乎可以焊接所有类型的铝合金材料,由于搅拌摩擦焊接过程较低的焊接温度和较小的热输入,一般搅拌摩擦焊接头具有变形小、接头性能优异等特点;可以焊接目前熔焊"不能焊接"和所谓"难焊"的金属材料如:Al-Cu(2xxx 系列)、Al-Zn(7xxx 系列)和 Al-Li(如 8090、2090 和 2195 铝合金)等铝合金。

另外,搅拌摩擦焊对于镁合金、锌合金、铜合金、铝合金以及铝基复合材料等板状对接或搭接的连接,也是优先选择的焊接方法;目前,搅拌摩擦焊还成功地实现了不锈钢、钛合金甚至高温合金的优质连接。

搅拌摩擦焊可以较容易实现异种材料的连接,例如铝合金和不锈钢的搅拌摩擦焊接,利用搅拌摩擦焊可以较方便的实现铝-钢板材之间的连接和铜铝复合焊接接头。

与传统钨极氩弧焊(TIG)和熔化极氩弧焊(MIG)焊接相比较,搅拌摩擦焊在接头力学性能上具有明显的优越性。例如,对于 6.4mm 厚的 2014-T6 铝合金,FSW 焊接头性能比 TIG 焊高 16%;对于 12.7 毫米厚的 2014-T6 铝合金,FSW 焊接头性能比 TIG 焊高 22%.搅拌摩擦焊接头性能数据一致性较好,工艺稳定,焊接接头质量容易保证。

招式64 铆接

用铆钉将金属结构的零件和组合件连接在一起的过程叫铆接。目前在钢结构制造中，铆接逐步为焊接所代替，但是在部分结构中仍然采用。

(1)铆钉的应用

铆钉是铆接结构中最基本的连接条件，它由圆柱铆杆、铆钉头和墩头所组成。墩头是由伸出于铆接件的那部分铆钉杆墩挤而成的。根据结构的形式、要求及用途不同，铆钉的种类也有很多。所用的金属材料是根据结构材料的不同而选用钢、铜、铝和其他金属。在铆接的钢结构中，主要是应用钢制的铆钉。除特殊规定外，一般钢铆钉的材料采用Q235和Q215，用冷镦法铆接的铆钉须经退火处理。如何正确地应用各种类型的铆钉是一个很重要的问题。只有正确地选用铆钉，才能保证结构的美观大方和坚实耐用，否则，就会影响结构的质量。

焊件之间的互相连接处，称为接缝。用铆钉来连接构件，称为铆连接缝。

在各种铆连接缝中，半圆头铆钉应用最广泛它可分为大号和小号两种。大号半圆头铆钉用在那些既要求有足够的强度又要求紧密性较好的部位，例如锅炉的板缝。在一般的钢结构中大部分采用小号半圆头铆钉。埋头铆钉只用在那些接缝表面要求平滑的部位。平锥头铆钉往往用在容易被腐蚀部位的接缝中。

(2)铆接的种类和基本形式

铆接可分为活动铆接和固定铆接两种。

①活动铆接。活动铆接又称铰链铆接。它的结合部分可以相互转动，例如，常见的剪刀、长钳、圆规及各种手用钳的铆接。

②固定铆接。固定铆接的接合部分不能活动，适用于需要有足够强度的结构。固定铆接广泛应用于车架、车身、制动蹄摩擦片、离合器从动盘的摩擦片等汽车修理项目中。

铆接的基本形式是由零件相互结合的位置所决定的，主要有下列三种。

①搭接。这是铆接最简单的连接形式。把一块钢板搭在另一块钢板上的铆接，称为搭接。如果要求两板在一个平面上，应把一块板先进行折边，然后再连接。

②对接。它是将两块板置于同一平面内,其上覆有盖板,用铆钉铆合。它可分为单盖板式及双盖板式两种。

③角接。它是两块钢板互相垂直或组成一定角度的连接,并在角接处以角钢用铆钉铆合,可覆以单根角钢,也可以覆两根角钢。

根据铆接缝的强度要求可以把铆钉排列成单行、双行或多行。

铆钉的直径和间距,是由被铆钢板厚度和结构的用途所决定的,因此,在施工时必须按设计要求,把钉孔的位置准确号在钢板上,不应随意改动。

(3)铆接的工艺方法

铆接分热铆和冷铆两种。热铆是事先将铆钉加热到一定温度后再进行铆合;冷铆不必加热,直接进行铆合。

热铆和冷铆都各有自己的优点和缺点。热铆的优点是在铆接时所需要的压力小,钉头容易成形,但是由于冷缩现象,铆杆不易将钉孔填满。冷铆的优点是节省人力、燃烧和原料。冷铆的缺点是铆钉的钢材质量和装配质量要求较高,铆钉容易脆裂,工作时需要加的压力较大,所以直径较大的铆钉很少用冷铆。在钢结构的生产中,主要是采用热铆。

铆合就是使铆钉杆填满在被铆结构件的钉孔里,并且形成一定形状的钉头。铆钉孔填塞得越紧密,钉头形成得越合理,那么结构所能承受的外力就越大。

铆接的过程是先号孔,按照图纸的要求和尺寸将孔号在结构件上;然后用冲孔机冲孔或钻孔;当构件的铆钉孔加工完成后,便可以进行铆接的装配工作。

通常热铆的过程由四个工序组成:a.铆钉加热;b.将铆钉插入钉孔中;c.用铆接工具镦粗钉杆;d.形成铆钉头和进行必要的修整。

铆钉的加热温度是非常重要的。温度过高会使铆钉发生熔损现象,对质量会有很大的影响。如果温度过低,铆钉加热不够,那么在铆接时,不等铆成所需要的形状,铆钉就冷却了。

对于那些要求水密、油密和气密的铆接结构,为了保证铆接缝的紧密度,在铆接完成后,还要对板边和铆接头进行捻缝。捻缝的工具是一种专门工具——捻缝凿,并借助风动枪捻压钢板边缘和铆钉头的周围,使部分金属微作弓形,就能使板缝具有较优良的紧密性。

铆接的工艺要求应注意以下几点:

①铆接前应清除毛刺、铁锈、铁渣和钻孔时掉下的金属屑等脏物。铆接前,铆接部分应该用足够数量的螺栓把紧,板缝中预先刷好防锈油。

②铆钉应加热到1000~1100℃时进行铆接。使用空气铆钉枪进行铆接工作时,正常的空气压力一般不能少于所规定的范围,以铆钉直径决定空气压力大小。

③铆钉铆固后,其周围应与构件表面紧贴。铆固后的铆钉,任何一端都不允许有裂纹和深度大于2mm的压痕。

④凡不松动的,只有间断漏水的铆钉允许用捻缝或碾压止漏;凡是松动的,不允许用电焊点固或者加热后重铆。凡不符合结构中质量要求的铆钉,均应拆换。

⑤对于那些铆焊混合结构,铆接工作应在其邻近结构的焊接工作和火工矫形完成后进行。

目前在许多铆接工作量较大的工厂里,除了应用铆钉枪的冲击法铆接外,还采用铆接机以及压合法进行铆接。

招式65 螺栓连接

螺栓连接是紧固件连接方式之一,是螺栓与螺母、垫圈配合,利用螺纹连接,使两个或两个以上的构件连接(含固定、定位)成一个整体。这种连接的特点是可拆卸的。

钢结构的连接螺栓一般分为普通螺栓和高强度螺栓两种。不施加紧固轴力的称为普通螺栓连接;以高强度螺栓为紧固件,并对螺栓施加紧固轴力而形成连接作用的称为高强度螺栓连接。

(1)普通螺栓连接

普通螺栓连接时的载荷是通过螺栓杆受剪,连接板孔壁受压来传递的。由于在连接螺栓和连接板孔之间有间隙,接头受力后会产生较大的滑移变形,因此遇有受力较大的结构或承受载荷的结构时,应选用精制螺栓以减少接头的变形量。精制螺栓连接是一种基孔制过渡配合连接,施工时必须强行压人,螺栓加工要求高,连接孔需铰制加工,施工难度大,费用高,工程上很少使用,常常被高强度螺栓连接所取代。

①普通螺栓连接的材料。普通螺栓、螺母和垫圈。

a.普通螺栓是由低碳钢或中碳钢制作的。普通螺栓制作精度可分为 A、B、C 三个等级,其中 A 级精度最高,C 级精度最低。A 级和 B 级的螺栓主要用于表面光洁,对精度要求高的机器、设备等重要零件的连接;C 级螺栓主要用于表面比较粗糙,对精度要求不高的场合。

普通螺栓按形式又可分为六角头螺栓、双头螺柱、沉头螺栓等。

b.螺母在选用中应与相配的螺栓性能等级一致,当拧紧螺母达规定程度时,不允许发生螺纹脱扣现象,为此可选用六角螺母及相应的结构大六角头螺栓、平垫圈使用,以防止因超拧而引起的螺纹脱扣。螺母的螺纹与同规格螺栓的螺纹相一致。

c.为了增大支撑面防止支撑面不平整或倾斜时,造成螺栓承受偏心载荷,引起附加弯曲力,或为遮盖较大的孔眼,以及防治损伤零件表面、防止螺栓连接松动,螺栓连接中通常在螺母与被连接件之间应用垫圈。

钢结构中应用的垫圈,按形状及其使用功能有圆平垫圈、异型垫圈、弹簧垫圈等。

普通螺栓连接在静载荷等作用下,连接一般不会自动松脱。但在冲击、振动或交变载荷作用下,或当温度变化很大时,螺纹中的摩擦阻力可能瞬间消失或减小,这种现象多次重复出现就会使连接逐渐松脱。因此,对有交变载荷或经常拆卸之处应采用弹簧垫圈。

②普通螺栓连接的工艺方法。普通螺栓连接中,为了增大承压面积,应在螺栓头和螺母下面放置放松平垫圈。对于设计中有防松动的螺栓和锚固螺栓连接,应采用防松装置的螺母或使用弹簧垫圈或用人工方法采取防松措施。承受动载荷或重要部位螺栓连接必须设置弹簧垫圈,且应放置于螺母一侧。

螺栓孔的加工可根据连接板的大小采用钻孔或冲孔,冲孔一般只用于较薄钢板和非圆孔的加工,而且要求孔径一般不小于钢板厚度。

螺栓在各种钢结构中都是成组使用的,因此,必须根据其用途和被连接件结构确定螺栓个数与布置方法,在螺栓布置时应注意:

a.与连接结合面形状和钢结构的结构形状相适应;

b.螺栓的布置应使各螺栓受力合理;

c.对分布在同一圆周的螺栓数目有要求;

d.应力求避免螺栓受弯曲。

③普通螺栓的装配及检验。螺栓连接装配的主要技术要求是获得规定的

预紧力,螺栓、螺母不产生偏斜和弯曲,防松装置可靠。

螺栓或螺母与工件贴合的表面要光洁、平整,否则容易使连接件松动或使螺杆弯曲;按一定的顺序拧紧,并做到分次、逐步拧紧,否则会使工件或螺栓产生松紧不一致而变形。为了使连接接头中的螺栓受力均匀,施工拧紧中一定要按顺序进行,对大型接头施工要求采用复拧方法,以保证接头内各个螺栓能均匀受力。

普通螺栓检验方法比较简单,一般采用锤击法,即使用0.25kg小锤,一手扶螺栓头,另一手锤击螺栓。检验要求螺栓头(螺母)没有偏移、不颤动、不松动,锤声比较清脆;否则,说明螺栓紧固质量不好,需要重新紧固施工。

(2)高强度螺栓连接

高强度螺栓连接是当前迅速发展和应用螺栓连接的新形式。它是依靠螺栓杆内很大的拧紧预拉力将连接构件夹紧,使其中产生强大的摩擦力来传递载荷。高强度螺栓连接的构件整体性和刚度,都优于普通螺栓的连接,现在已经发展成为与焊接并举的钢结构主要连接形式之一。

高强度螺栓连接除了保持普通螺栓连接的施工简便、可拆换的优点外,还具有受力性能好、耐疲劳、抗振性能好、连接刚度高、施工简便等优点,成为钢结构安装的主要手段之一。

高强度螺栓连接按其设计和传力要求的不同可分为摩擦形连接和承压形连接两种连接形式,其中摩擦型高强度螺栓连接是目前广泛采用的基本连接形式。

④高强度螺栓的类型和连接构造要求。高强度螺栓从外形上可分为大六角头高强度螺栓和扭剪型高强度螺栓,螺栓、螺母和垫圈在组成连接时,相互之间的性能等级相匹配。

为了保证钢结构的安全可靠,每一杆件在节点处或拼接接头的一端,高强度螺栓的数目不易少于两个;高强度螺栓孔应采用钻孔,不得采用冲孔;高强度螺栓连接的范围内,构件接触面的处理方法及所要求的抗滑系数值,应在工程图中说明;当型钢杆件的拼接采用高强度螺栓连接时,其拼接件宜采用钢板。对受拉的T形连接接头,宜用钢性较大的端板(如加厚端板或设加强筋),以减少杠杆力的影响。

⑤高强度螺栓连接工艺方法

a.一般规定。高强度螺栓连接在施工前要对连接实物和摩擦面进行检验,经检验合格后方能进行安装;当用转矩法施工时,应在订货合同中,要求生产厂家按保证转矩系数的要求配套供货,并附有质量保证书。

高强度螺栓的孔距和边距在设计时应考虑专用施工工具的可操作空间。

紧固螺栓时, 应从接头刚度大的地方向不受约束的自由端顺序进行,从中间向外围的施工顺序,安装高强度螺栓时,构件的摩擦面应保持干燥,不得在雨中作业。

b.大六角头高强度螺栓连接施工。对大六角头高强度螺栓施加预拉力一般有转矩法和转角法。转矩法。利用可直接显示或控制转矩的特制转矩扳手,根据生产厂家提供并经施工单位反复检验的转矩系数对螺栓施加转矩。在采用转矩法拧紧螺栓时,应对螺栓进行初拧和复拧,初拧转矩和复拧转矩均等于施工转矩的50%左右。初拧和复拧过程中的施工顺序,一般是从中间向两边或四周对称进行。转角法。先用扳手将螺母拧到贴近板面的位置,然后根据螺栓的直径和板层厚度,从贴紧位置开始,再将螺母转动 1/2~3/4 圈。此法实际上是通过螺栓的应变来控制预拉力, 这种方法操作简单,但不精确。

③扭剪型高强度螺栓连接施工。当连接采用扭剪型高强度螺栓时,也应先对其进行初拧,然后再利用特制机动扳手对螺栓进行终拧。

招式66 胀接

胀接是指根据金属具有塑性变形的特点,用胀管器将管子胀牢固定在管板上的连接方法。多用于管束与锅筒的连接。工作过程是:将胀管器插入管子头,使管子头发生塑性变形,直至完全贴合在管板上,并使管板孔壁周围发生变形,然后拔出胀管器。由于管子发生的是塑性变形,而管板仍然处在弹性变形状态,扩大后的管径不能缩小,而管板孔壁则要弹性恢复而使孔经变小(复原),这样就使管子与管板紧紧地连接在一起了。利用管端与管板孔沟槽间的变形来达到紧固和密封的连接方法。用外力使管子端部发生塑性变形,将管子与管板连接在一起,又叫胀管。

胀接常用在锅炉和压力容器管板和管子按技术要求的连接工艺中,是利用管子和管板变形达到紧封和紧固的一种连接方法。

可采用机械、爆炸和手工胀接等方法来扩胀管子的直径,使产生塑性变形,管板孔壁产生弹性变形,利用管板孔壁的回弹对管子施加径向压力,以达到连接接头具有足够的胀接强度(拉脱力)和较好的密封强度(耐压力),在工作压力下保证设备接头不致泄漏。

(1)胀接的结构形式和工艺方法

胀接一般用于工作压力小于 $60N/cm^2$,工作温度低于 $300℃$,胀接长度小于 $50mm$ 的结构中。

翻边胀接:a.扳边。管端扳边成喇叭口,用以提高接头的胀接强度,使管端扳边的拉脱力增加 1.5 倍。b.翻边。管端翻边是使管端已扳边的管口翻打成半圆形。这种形式多用于火管锅炉的烟管,其目的是为了防止管端被高温烟气烧坏,并减少烟气流动阻力及增加接头强度。c.开槽胀接。开槽胀接是用在胀接长度大于 25mm,温度小于 300℃,压力小于 $390N/cm^2$ 的容器设备上。由于工作压力较高,管子的轴向拉力较大,故采取加大胀接长度并开槽的方法,使管子金属在胀接时能镶嵌到槽中去,以提高接头的抗拉脱力。

胀焊并用。当温度和压力较高,且换热管与管板连接接头在操作中受到反复热变形、热冲击和腐蚀的作用时,单靠胀接方法是不能满足要求的,为保证连接接头处不泄漏,减少间隙腐蚀和减弱管子因振动而引起的破坏,故常采用胀焊并用的连接方法,提高接头的密封性能。

①胀接的工艺方法。一般胀接使用胀管器进行胀接。胀管器的种类很多,有螺旋式、前进式、后退式,还有自动停止式胀管器和自动胀管器等,由于它们的结构不同,因此使用方法与特点也就不同,最常用的是前进式胀管器。

使用胀管器进行胀接的工艺方法如下。

a.胀接前的准备工作。根据胀接接头的结构形式、管子的内径和胀接长度,确定胀管方法,选定合适的胀管器及其他工具。

在胀接过程中,要求管子产生较大的塑性变形,而使管孔壁仅产生弹性变形,同时管端不产生裂纹,故对管子端部应进行低温退火处理,以降低其硬度,提高塑性。

检查和清理管孔及管端。管子与管孔壁之间不能有杂物存在,否则胀接后不但影响胀接强度,而且也很难保证接头的严密性,因此胀接前,必须对管孔及管端加以清理和打磨。

b.胀接过程。为了保证产品装配后的尺寸符合要求,胀管可分两个阶段。

预胀(又称定位胀)。使管子与管板孔壁紧密接触且无间隙存在,达到定位和固紧的目的。

扩胀。使管子处于塑性变形状态,而管板基本上处于弹性变形状态,仅管板孔壁有局部塑性变形,达到规定的胀管率。

接头的胀接顺序直接关系到能否保证管板的几何形状,同时还关系到胀接其中一个接头时,对邻近的胀接接头松动程度影响的大小。因此胀接时一般采取反阶式、梅花式及错开跳跃式,待多数胀紧定型预胀后,再顺次胀接。

(2)胀接接头的质量缺陷及防治胀管质量的好坏直接关系到化工设备运行的可靠性和寿命。

②影响胀接接头质量的因素。主要有管子扩胀程度的大小(胀接率);管子与管板材料类别;管子与管孔之间间隙的大小;管子与管孔接触面的情况;所采取的胀管方法和胀管速度等。

只有正确地选择胀接过程,才能保证稳定的胀接质量,因此要注意下列问题。

a.胀接率(胀紧程度)。过胀会因管壁减薄过大而导致管子断裂和管板变形。

b.管子与管孔之间的间隙。间隙对胀接质量有决定性的作用。

间隙太大,接头强度会大大地降低,其原因是由于管子在定位初胀过程中,管子受到过分的胀大,管子金属产生冷作硬化现象,提高了弹性极限,使管壁和孔壁不能紧密地接触,容易引起胀接偏斜和单面胀接。

c.管端形状和伸出长度。为了能使管端进行胀接和扳边,按图纸要求必须从管板中伸出适当的长度。

d.管壁和孔壁的表面粗糙度。细化孔的粗糙度可增加耐压力,但有降低拉脱力倾向。

③接头的缺陷与补救方法。胀接管子时,为了避免产生大量的缺陷,在开始胀接几根管口后,应及时进行中间检查,发现缺陷后应立即找出原因,并加以消除。

胀接接头缺陷的补救方法:当管子扩胀量不够时,可以进行重胀(补胀)处理。

招式 67 咬接

咬接也称咬缝,是在黑白铁加工中普遍采用的连接方法。咬接有手工操作和机械操作两种不同的连接方法。

咬缝是把两块板料的边缘(或一块板料的两边)折转扣合,并彼此压紧的连接方法。由于咬缝比较牢固,所以在某些结构中可用以代替钎焊。

咬缝操作。咬缝操作技术较为复杂,应有很长的工作时间实践才能胜任。咬缝的质量是相当重要的,直接关系到连接的牢固程度。

①匹茨堡缝。匹茨堡缝是传统的咬接形式。

匹茨堡缝有时候也称锤扣。它是用在各种不同形状管件的纵长方向折角缝,此缝包含两部分。在板连接时,先将连接两板边利用折角胎一边锤出单扣,一边锤出袋扣,然后将单扣放入袋扣中,把相互之间拉紧,并将凸缘槌平,即完成了两板边的咬接。

匹茨堡缝的优点之一是单扣可以做成圆弧,而袋扣可在平板上制妥后再配合单扣辗成圆弧,接口后可以形成匹茨堡缝的交接结构形式。

在钣金工厂中,匹茨堡缝是多种接缝中最常用的一种,有称为辗型机的机器专做匹茨堡缝。板片从一头插入,即通过一连串辗轮辗成袋扣,从另一头输出。

匹茨堡缝可以在薄板连接中按要求制成立缝或槽缝,也可以制成角式咬缝。

②立缝和角缝一般可以用手工操作制成咬扣的两部分,再将两边扣合拉紧槌平,就能很牢固接合在一起了。但要求槌击时不要用力过大,一方面影响美观,一方面槌击时用力过大会影响咬接力。咬接在薄板连接中已广泛采用,并且逐步实现机械化。

招式 68 粘接

粘接是指金属粘接,金属粘接是使用黏结剂粘接。黏结剂可以是热固化的或热塑性的。大多数黏结剂配方中的主要成分是:合成树脂系统;弹胶物或增塑剂;无机材料。

热固化树脂是最主要的材料,金属黏结剂配方即以它为基础。为了特定的应用,可通过加入变质剂和填料来改变其性能。热固化黏结剂通过像聚合、缩合或硫化之类的化学反应而硬化或固化。

热塑性树脂是长链分子化合物,在加热时软化,在冷却时硬化。加热时不发生化学变化,因而热循环可以重复进行,然而在过高温度时,将氧化而分解。很多热塑性树脂在室温下也可以用有机溶剂软化。溶剂蒸发后重新硬化。

以无机材料为填充剂加入黏结剂中可以改善力学性能和物理性能。通过降低黏结剂的收缩和膨胀以及增加其弹性模量,填充剂能大大加强粘接接头的稳定性。

(1)结构黏结剂

结构黏结剂的最终目的是要产生一个与被连接材料等强度的接头。结构黏结剂有两种普通形式,它们都属于热固化型,即酚醛树脂基黏结剂和环氧树脂基黏结剂。

酚醛树脂用作结构黏结剂时有溶于有机溶剂中的溶液,还有有载体薄膜和无载体薄膜等形式。这类黏结剂的特征是剥离强度高,其抗拉和抗剪强度为 21~35MPa。

环氧树脂兼具润湿性好、收缩小、抗拉强度高、韧性好、化学性不活泼等特性,可制造强度和多用性好的各种黏结剂。环氧树脂与酚醛树脂不同,在固化时不产生挥发性产物,可在液态下应用而无需溶剂,因此截面的挥发物可以大大降低。粘接时只需很小的压力来保持被粘件间的紧密接触,这就使设备大为简化。

(2)黏结剂选择。用于生产的黏结剂选择应考虑下列四个关键问题:

①被粘接件所承受的载荷和形式,以及粘接件在使用过程中受周围环境的影响,如气候、温度、水、油、酸、碱、化学气体等。

②被粘接件的材料、形状、大小和强度、刚度要求。有些材料很难粘接,需考虑特殊的黏结剂。一般钢、铁、铝合金等比较容易黏合,而铜、锌、镁、不锈钢、纯铝等,其粘接强度相对差些。

③成本低、效果好,整个工艺过程经济。

④特殊要求,如电导率、热导率、导磁、超高温、超低温等,都应选择特殊黏结剂。

⑤需综合考虑粘接件的形状、结构和粘接工艺,即考虑实现这一粘接方

案的可能性,例如涂胶方法、表面处理方法、固化方法等。

在选择黏结剂时,还应特别注意保管质量,几乎所有的有机黏结剂都有一定的储存期限,若过期使用则性能较差甚至失效。

(3)粘接的优点。粘接有许多优点,对金属加工行业很具吸引力,其主要优点可概括如下。

①能连接异种材料。如果黏结剂层在两异种金属之间是电绝缘的,则有可能将这两种金属连接起来,同时还能保证使用中的电化学腐蚀作用最小。

②应力分布均匀。可以将接头设计成使载荷分布在较大的粘接区域以减小应力集中。

③柔性的黏结剂能吸收冲击和振动,增加金属零件的疲劳寿命。

④易于采用较轻的材料,常常可以省去增强元件。

⑤粘接接头可具有平滑的外观。

⑥连接构件的黏结剂也可以起密封剂和覆层的作用,以保证构件不受油、化学品、水汽或这些物质组合的损害。

⑦粘接常可使设计简化。粘接后修整工作量小。

(4)粘接在应用时还应注意以下几个问题。

①黏结剂在120℃以上不能承受高的剥离载荷,甚至在150℃时仍有高剪切强度的弹性体黏结剂也承受不了这种剥离载荷。对于需要有高剥离强度的场合,可能要用机械方法加强。

②黏结剂使用条件是有限制的。很多粘接产品的质量,由于接头受高应力并暴露于热而潮湿的环境而迅速下降,并且粘接接头很难进行检验。

③粘接中常常使用一些有腐蚀性的材料、可燃液体、有毒物质等,因而,应仔细检查各个工序,确保使用正确的安全规程、防护装置、防护服装等。

④在粘接操作时必须采用一定的办法把在固化过程中产生的有毒化合物排除掉,以保证操作人员的安全。

招式 69 **钢材的焊接性能**

焊接接头是由焊缝金属、熔合区和热影响区组成。焊缝接头的质量优劣从两个方面评价:一是焊缝组织是否致密,有无有害缺陷;二是是否满足技术条件所规定的各种使用要求。焊接接头中经常碰到的缺陷有,在焊缝金属中:

裂纹(冷裂纹或热裂纹)、气孔、夹渣、未熔合、未焊透、咬边;在热影响区及邻近母材中:裂纹(冷裂纹或热裂纹)、晶粒长大、析出脆化相。

焊接接头应满足的使用性能大致包括:常规力学性能、低温韧性、抗脆断性能、高温蠕变、疲劳性能、持久强度、应力腐蚀、化学腐蚀及耐磨性能等。一般讲要求焊接接头的质量和性能与焊材基本相同。

焊接质量控制就是要保证在焊接过程中尽一切办法使焊接接头不产生有害的焊接缺陷,同时还要满足特定的使用性能要求。焊接接头能否满足这两方面的要求,与被焊钢材的焊接性能有很大关系。

钢材的焊接性是说明该钢材对焊接加工的适应性,是指该钢种在一定的焊接工艺条件下(包括焊接方法、焊接材料、焊接工艺参数和结构形式等),能否获得优质焊接接头的难易程度和该焊接接头能否在使用条件下可靠运行。

(1)焊接性的具体内容可分为工艺焊接性和使用焊接性。

所谓工艺焊接性,是指在一定焊接工艺条件下,能否获得优质致密、无缺陷焊接接头的能力。分析研究金属的工艺焊接性时,必然要涉及焊接过程。对于熔化焊来讲,焊接过程一般都要经历传热和冶金反应。因此,把工艺焊接性又分为热焊接性和冶金焊接性。

热焊接性是指在焊接加热过程条件下,对焊接热影响区组织性能及产生的缺陷的影响程度。这是评定被焊金属对热的敏感性(晶粒长大和组织性能变化等),它主要与被焊工件材质及焊接工艺条件有关。

冶金焊接性是指冶金反应对焊缝性能和产生缺陷的影响程度,包括合金元素的氧化、还原、氮化、蒸发、氢、氧、氮的溶解,对气孔、夹杂、裂纹等缺陷的敏感性,都是影响焊缝金属化学成分和性能的重要方面。

使用焊接性是指焊接接头或整体结构满足技术条件所规定的各种使用性能的程度,包括常规的力学性能、低温韧性、抗脆断性能、高温蠕变、疲劳性能、持久强度,以及抗腐蚀性、耐磨性能等。总之,使用条件下所要求的性能有的甚为复杂、苛刻,焊接技术必须满足这些情况下各种性能的要求。

(2)影响焊接性的因素

影响焊接性的因素很多,对于钢铁材料来讲,可归纳为材料、设计、工艺及服役环境等4类因素。

材料因素有钢的化学成分、冶炼轧制状态、热处理状态、组织状态和力学性能等,其中化学成分(包括杂质的分布)是主要的影响因素。

钢的冶炼方法、轧制工艺及热处理状态等都会影响到焊接性能。

设计因素是指压力容器的安全性不但受到材料的影响,而且在很大程度上还受到结构形式的影响,例如,结构的刚度过大、接口的断面突然变化等都会不同程度地造成脆性破坏的条件。此外,在某些部位的焊缝过度集中和多向应力状态也会对结构的安全性有不良影响。

工艺因素包括焊接时所采用的焊接方法、焊接工艺规程和焊后热处理等,这些都会影响焊接性。

服役环境因素是指压力容器的工作温度、负荷条件和工作环境。一般来讲,环境温度越低,钢结构越易发生脆性破坏。

一般来讲,评价焊接性的准则主要包括两方面内容:一是评定焊接接头产生工艺缺陷的倾向,为制定出合理的焊接工艺提供依据;二是评定焊接接头是否满足使用性能的要求等。

第五章
12招教你装配方法

shierzhaojiaonizhuangpeifangfa

钣金产品一般是由零部件组装而成的。在生产的过程中,组成产品的零件按产品图样和相关技术要求,经过备料、放样、下料和成形加工等工序,由零件组成部件,又由部件总装成为工件成品。对于较大型的钣金产品工件,例如大型压力容器等的外形尺寸超过运输能力,必须分部件(或零件)在工厂先进行下料成形,然后分段在安装施工现场进行配套组装,并且对各设备配套的支架、管道和辅机等非标设备进行现场安装,完善机械设备的使用功能。

招式 70 产品组装原理及条件

钣金产品的组装包括部件组装和产品总装两过程,就是由零件组装成部件和零部件总装成产品成品的工件。组装前,首先应熟悉零部件图样,根据图样和技术要求弄清产品的特性用途,各零件之间的相对位置、尺寸和连接方法,明确组装基准面和组装工夹具,再定组装方法。总装工序根据机械产品的特点(外形尺寸)和技术要求,又分为工厂内组装和现场组装两种方式。现场组装一般因工件非常庞大,组装运输受到限制,或其他技术要求等原因,需要现场进行安装。现场组装和安装一般是统一进行的。

组装也称装配,主要是指在工厂组装。在钣金工件的制造中,将组成结构的各个零件按照一定的位置、尺寸关系和精度要求组合起来的工序,称为组装。

组装在金属结构制造工艺中占有很重要的地位,这不仅是由于组装工作的质量好坏直接影响着产品的最终质量,而且还因为组装工序的在整个产品制造中占的工作量较大。所以,提高组装工作的效率和质量,在缩短产品制造工期、降低生产成本、保证产品质量等方面,都具有重要的意义。

(1)装配的基本条件

进行钣金工件的装配,必须具备定位、夹紧和测量三个基本条件。

①定位。定位是确定零件在空间的位置,一般是以零件间的相对位置来确定的,这就要求首先选好基准面(装配平台),有些小厂在没有装配平台的情况下会选择铺钢板作为临时平台,主要是为了装配时可以更好的打马板,固定。

②夹紧。夹紧就是借助夹具等外力,并将定位后的零件固定。可以用螺杆、油压千斤顶、设备自重、马板、斜楔等。

③测量。测量指在装配过程中,对零件间的相对位移和各部件尺寸进行一系列的技术测量,从而鉴定定位的正确性和夹紧力的效果,以便调整。

以上三个基本条件是相辅相成的,缺一不可。若没有定位,夹紧就变成得没有目标;若没有夹紧,就不能保证定位的准确性和可靠性;而若没有测量,就无法进行正确的定位,也无法判定装配的质量。因此,研究装配技术总是围绕这三个基本条件进行的。

(2)装配的定位原理

①六点定位原理。任何空间的刚体未被定位时都具有六个自由度,即沿三个互相垂直的坐标轴的移动和绕着三个坐标轴的转动。因此,要使零件(一般可视为刚体)在空间具有确定的位置,就必须约束其六个自由度。

为限制零件在空间的六个自由度,至少要在空间设置六个定位点与零件接触,这样,以六个定位点来限制零件在空间的自由度,以求得完全确定零件的空间位置,称为六点定位规则。

六点定位规则适合于任何形状零件的定位,只是对不同形状的零件定位时,六个定位点的形式及其在空间的分布有所不同。

在实际装配中,可由定位销、定位块、挡板等定位元件作为定位点;也可以利用装配台或工件表面上的平面、边棱及胎架模板形成的曲面代替定位点;有时还由在装配平台或工件表面划出的定位线起定位点的作用。

在实际生产中,并不要求在任何情况下,都要限制工件的六个自由度,一般要根据工件的加工要求,来确定工件必须限制的自由度数。工件定位只要相应的限制,那些对加工精度有影响的自由度即可。

②定位基准及其选择。在装配的过程中,根据一些指定的点、线、面来确定零件或部件在结构中的位置,这些作为依据的点、线、面称为定位基准。

合理地选择装配定位基准,对保证装配质量,安排零、部件装配顺序和提高装配效率,有着重要的影响。通常根据如下原则选择定位基准。

a.将设计基准作定位基准,这样可以避免因定位基准与设计基准不重合而引起定位误差。

b.为了保证构件安装时与其他构件的正确连接或配合,同一构件上与其他构件有连接或配合关系的各个零件,一般尽量采用同一定位基准。

c.选择精度较高、不易变形的零件表面或边作定位基准,这样能够避免由于基准面、线的变形造成的定位误差。

d.所选择的定位基准应便于装配中的零件定位与测量。

在实际装配中,定位基准的选择要完全符合上述所有的原则,有时是不可能的。因此,应根据具体情况进行分析,选出最有利的定位选择。

招式 71 装配工具及使用方法

装配中使用的工夹具有装配工具、装配夹具和装配吊具三类。

(1)装配工具。装配中用于零部件定位、找正、测量、检验及辅助工作的工具,统称装配工具。用于测量检验的工具有线锤、角尺、水平软管(或水平尺)、卷尺、水准仪等;用于起重的工具有千斤顶、手拉葫芦等,还有起重机械。

①线锤。线锤用来检查零件的垂直度。当测量距离较长时,应选择重的线锤,以保证测量的准确性;距离不长时,可选用较小的线锤。

②水平软管。它是用于测量较大构件的水平度。水平软管是由一根较长的橡皮管和两根短玻璃管组成,管内注入液体。测量时,取两根高度相同的标杆,标杆上应有相同的刻度。在所测各点时,观察两根玻璃管内的水平高度是否相同,若高度相同,说明构件的平面为水平。

③水准仪。水准仪主要用来测量构件的水平线和高度,是建立水平视线测定地面两点间高差的仪器。主要部件有望远镜、管水准器(或补偿器)、垂直轴、基座、脚螺旋。

④千斤顶。千斤顶是起重高度小的最简单的起重设备。它是一种利用刚性支撑重物、顶举或提升重物的起重工具。起升高度虽然不大,但起重的重量可以很大,广泛地应用于金属构件装配中的顶、压,甚至可用于找正与造型等工作。千斤顶按其结构及工作原理的不同,可分为齿条式、螺旋式、液压式、液压分离式等多种形式。

(2)装配夹具。指在装配过程中用来对零件施加外力,使其获得可靠定位的工艺装备,称为装配夹具,包括简单轻便的通用夹具和装配胎架用的专用夹具。装配夹具对零件的紧固方式有夹紧、压紧、拉紧、顶紧等四种。装配夹具按其动力源来分,可分为手动、气动、液压、磁力夹紧等。

①手动夹具

a.楔条夹具。楔条夹具是利用锤击或其他机械方法获得外力,利用楔条的斜面移动,将外力转变为所需的夹紧力,从而达到对工件的夹紧。楔条直接作用于工件上的夹紧方式,要求被夹紧的工件表面比较平整、光滑。

杠杆夹具。又称扳杠。它是利用杠杆原理将工件夹紧的,它们既能用于夹紧,又能用于矫正和翻转钢材。

螺旋式夹具。螺旋式夹具是通过丝杆与螺母间的相对运动传递外力,使之达到紧固零件的目的,它具有夹、压、拉、顶、撑等多种功能。

螺旋式夹具有弓形螺旋夹具、螺旋拉紧器、螺旋压紧器、螺旋推撑器等几种形式。

螺旋式夹具是装配常用的手动夹紧工具,在装配时可根据不同的装配位置和具体情况选择使用。手动夹具还有组合夹具和偏心夹具(凸轮夹具)。其中组合夹具是利用横向与上下一组左右螺旋焊制而成,可调节两钢板的左右与上下拼缝对口位置差,达到要求组对的目的。这种夹具用来组对圆筒构件的拼缝非常方便、准确,适用于装配不同直径和壁厚的圆筒。

螺旋式夹具的特点是:简单实用、夹紧动作快、夹紧力大而稳定,在各种装配场合得到广泛应用。

b.气动夹具。它主要是由气缸、活塞或活塞杆组成,是利用气缸内压缩空气的压力推动活塞,使活塞杆作直线运动,施加夹紧力的装置。

c.液压夹具。液压夹具的工作原理与气动夹具相似。其优点是:比气动夹具有更大的压紧力,夹紧可靠,工作平稳;缺点是液体容易泄漏,辅助装置多,且维修不方便。

d.磁力夹具。它主要靠磁力吸紧工件,可分为永磁式和电磁两种类型,应用较多的是电磁式磁力夹具。磁力夹具操作简便,而且对工件表面质量无影响,但其夹紧力不是很大。

招式 72 装配方式与支承形式

(1)装配方式。金属结构件的装配方式按其结构位置划分,主要有立装和卧装两种。

立装是自下而上的一种装配方法,适用于高度不大的结构。立装分为正装和倒装。

正装就是按产品使用时的位置自下而上地进行装配,这种方法适用于下部基础较大,而且容易放置平稳的结构。倒装就是把结构按使用时的方向倒过来进行装配,这种方法适用于结构的上部体积比下部大或正装时不易放稳的结构。

一种产品采用何种装配方式,一般考虑以下因素:

①应使构件在装配中能较容易地获得稳定的支撑。例如顶部大、底部小的工件,一般采用倒装;细高的工件一般采用卧装。

②应与装配场地的大小、起重机械的能力等工作条件相适应。

③应利于工件上各零部件的定位、夹紧和测量。

(2)支承形式。在选定了工件的装配方式后,就可以根据其结构特点、数量和装配技术要求等,确定工件在装配中的支撑形式。

①装配平台。装配平台一般水平放置,而且它的工作表面要求达到一定的平直度,以作为工件装配的支撑面。

②装配胎架。在工件结构不适于以装配平台作支撑时,就需要制作装配胎架来支撑工件,进行装配。

装配胎架又可分通用胎架和专用胎架两种。装配胎架应符合下列要求:

①胎架工作面的形状应与工件被支撑部位形状相适应。

②胎架结构应便于在装配中对工件实施装、卸、定位、夹紧等操作。

③为了便于装配中对工件进行校正和检验,胎架上应划出中心线、位置线、水平线、检验线等。

④胎架要固定安置,要具有足够的强度和刚度,以避免在装配过程中基础下沉或者胎具变形。

招式 73 产品的装配特点及注意事项

钣金构件的装配工作有下列特点:

①产品的零件精度低、互换性差,在装配时需选配或调整。

②产品的连接大多采用焊接等不可拆的连接形式,所以返修困难,易导致零部件报废,因此对装配程度有严格的要求。

③装配过程中涉及大量的焊接工作,应该掌握焊接的应力和变形的规律,在装配时应采取适当的措施,以防止或减少焊后变形和矫正工作。

④产品一般体积较庞大,刚性较差,容易变形,装配时应考虑加固措施。

⑤特别庞大的产品需分组出厂或现场总装的,为保证总装进度和质量,

应在厂内试装。

招式 74 装配前的准备

装配前的准备工作通常包括以下几个方面。

(1)要熟悉产品图样和工艺规程。产品图样和工艺规程是整个装配工作的主要依据,通过熟悉图纸和工艺规程,应达到如下目的:

①了解产品的特性、用途、结构特点、数量和装配技术要求,以此确定装配方法。

②了解各零件的数量、材质及其特性。

③了解各零件间的位置关系、连接形式、装配尺寸和精度,选择好定位基准和装配工夹具类型。

(2)划分部件。金属结构产品是由一系列零部件组成的。零件是构成产品的基本件。由若干零件组合成一个独立的、比较完整的结构。

为了减少总装时间,减少高空作业,改善施工条件,提高装配效率,保证装配质量。对于大型复杂的金属结构产品,通常是将总体分成若干个部件,将各部件装配或焊接后,再进行总装。

划分部件时应尽量使划分出的部件有一个比较规则、完整的轮廓形状。各个部件之间的连接处不宜太复杂,以便于总装时定位、夹紧和测量。部件装配后,能够有效地保证装配质量与产品质量。

(3)装配现场的设置。装配工作场地应平整、洁净,便于安置装配的工作台。零件堆放要整齐,便于取用。要尽量选择在有起重机械的工作区间进行装配。场地四周应选择适当的位置安置工具箱、电焊机、气割设备以及需要配置的钳台、台虎钳、砂轮切割机等其他设备。

(4)零部件质量的预检。

①装配前,除了应该核对零部件的数量和材质之外,还应该检查零部件的几何形状和尺寸。用直尺检查零件的平直度;

②矩形零件必须测量对角线,用弧度样板检查弧形零件等,以便于装配工作的顺利进行;

③根据工艺上的要求,某些零部件应留有开孔、切坡口的加工余量;

④装配前要清理零部件的连接表面处的毛刺、污垢、锈蚀等。

(5)安全措施。在装配过程中要十分重视安全措施。要严格检查吊具和各种气瓶或乙炔发生器的放置。还有预防触电的措施,施工的照明与监护、通讯设备等。

招式 75 装配工件的定位

装配工件的定位是确定零件之间的相对位置。常用的定位方法有划线定位、样板定位和定位元件定位。

(1)划线定位。划线定位是利用在零件表面或装配台表面划出工件的中心线、接合线、轮廓线等作为定位基准,以便在装配时用以确定零件间的相对位置。

(2)样板定位。样板定位是指根据工件的形状制作相应的样板作为空间定位线来确定零件间相对位置。在装配中对零件的各种角度位置,通常采用样板定位,以样板来确定其倾斜度。

(3)定位元件定位。它是用一些特定的定位元件(如板块、角钢、圆钢等)构成空间定位点,来确定零件的位置。这些定位元件,根据不同工件的定位需要,可以固定在工件或装配台上,也可以是活动的。它可以根据组对圆筒直径大小,相对进行调整,以适应其定位的要求。

为了方便定位操作和保证定位准确,划线定位、样板定位和定位元件定位方法,在装配过程中根据需要可以单独使用,也可以同时使用,互为补充。

装配中一个零件的定位、夹紧和测量,往往是交替进行并互相影响的。因此,要熟练地掌握测量技术和灵活地确定夹紧方法,是准确而迅速地进行零件定位的重要保证。

招式 76 装配中的定位焊

定位焊是用来固定各焊接零件之间的相互位置,以保证整个结构件得到正确的几何形状和尺寸。定位焊有时也叫点固焊。定位焊缝一般都比较短小,焊接过程不够稳定,容易产生各种焊接缺陷。而它又是作为正式焊缝而留在焊接结构之中,应与正式焊缝要求完全一样。如发现定位焊缝有缺陷时,应该重新焊接,不允许留在焊缝内,尤其对化工机械锅炉、压力容器的制作更应如此。进行定位焊时应注意以下事项：

(1)为避免造成未焊透现象,定位焊的起头和结尾处应圆滑。

(2)定位焊的温度应与正式焊接温度相同。

(3)定位焊的电流比正常焊接的电流大 10~15%。

(4)定位焊不能在焊缝交叉处和焊缝方向急剧变化处进行。

(5)定位焊缝高度不超过设计规定的焊缝的 2/3,以越小越好。

招式 77　其他装配方法简单介绍

①仿形复制装配法。仿形复制装配法适用于断面形状对称的结构,如屋架、门框、管架、柱等结构。先装配成单面结构,然后以此作为仿形样板进行复制,即可装配出相同的单面结构,从而完成整个产品的装配。

②地样装配法。它是将构件的形状按 1:1 的实际尺寸直接绘制在装配平台上,然后根据零件间接线的位置进行装配。

③胎具装配法。胎具装配法适用于产量较大和定型产品的装配。装配时,零件的相互位置靠胎具定位,从而大大提高了装配工作的效率,保证了产品质量,减轻了劳动强度,同时也易于实现机械化和自动化。胎具装配法是简单实用的装配方法,在各种装配生产线中广泛应用。

④专机自动装配法。随着机械技术的发展,专机自动装配已被广泛应用,显示装配准确、快捷的优越性。

装配工作是钣金工艺中的重要内容,是金属构件或产品制造中关键的环节,装配工艺技术灵活多样,在确保产品质量和安全生产的前提下,应力求简单实用地解决问题,并且作为提高工效的一个关键工序。

招式 78　简单钢结构的装配

钢结构是一个完全独立和完整的体系,称之为总体。如整个房架、船体、桥梁等都为总体。总体是由无数的零件和组合件构成的。

在划线、加工后可直接进行装配的构件称为零件。零件是构成钢结构的基本件,如工字梁、角钢、钢板等。

组合件是由若干零件组合成一个独立的、比较完整的结构。如屋架、柱子等结构。将若干零件装配成组合件叫做预装件。有些较大的平面组合件称为平面分段,较大的立体组合件称为立体分段。这是较为简单的钢结构件,也称部件。

钢结构制造普遍采用扩大组合件装配的方法。这种方法是将总体分成若干个组合件,预先进行装配。其优点是扩大了装配面,减少了总装时的工序和时间,将很多的立焊、仰焊变为平面焊,扩大了自动焊、半自动焊的应用,减少了高空作业的工作量,提高了生产效率。

为了把零件或组合件迅速而又准确地安装到所要装配的位置上,钣金工必须熟练地掌握定位工作。定位工作包括两方面的工作内容:一是调整位置;二是把构件或组合件固定在位置上。调整位置是利用一定的工具调整构件相互之间的远近、左右、高低和一定的角度。固定位置是利用各种压紧或拉紧的工具使构件贴紧在所要装配的位置上,并施行定位焊,加以固定。

施行定位焊时,要注意定位焊使用的焊条牌号应与焊缝规定的焊条牌号相同;掌握好定位焊尺寸;不得在交叉焊缝处施行定位焊,离交叉点的距离不得小于板厚的 10 倍,厚板可适当小些;发现有气孔、裂缝等缺陷的定位焊,在焊接前应当铲去。

招式 79 复杂钢结构的装配

在钢结构中,由若干零件组合成为一个完整独立的结构件称为部件。这些部件相对组合零件较多,组合方法较复杂的部件称为复杂钢结构。复杂钢结构的装配过程,相对简单钢结构来说较为复杂,在装配施工时应根据钢结构的特点和技术要求,制定施工方案或作业指导书,使钢结构件产品质量等符合要求。

在批量生产钢结构过程中,一般复杂钢结构件生产分工较细,生产工艺和生产过程明确,质量控制严格,这样才能保证关键部件的组装质量,进而保证产品的整体质量符合要求。

复杂钢结构一般采用地样装配法、仿形复制装配法和胎具装配法进行构件的组装。

(1)地样装配法。地样装配法主要用于桁架和框架式结构的装配。如屋架、桥梁构架、船体肋骨框架等类似结构。除此之外,还可以用来组装板材结构,如容器罐等。这种装配方法是:在装配平台上,按设计图纸的尺寸将结构的实际外形划出(俗称打地样)。装配时依照这个地样将钢结构组合起来。

(2)仿形复制装配法。仿形复制装配法适用于截面对称的结构。一般屋架、房梁、桥梁等采用这种结构。仿形复制装配法是:先将结构装配成单面的,以这个单面桁架为仿形的基础进行复制。复制时连接板对准连接板,角钢对准角钢。

(3)胎具装配法。胎具装配法是一种利用胎具进行装配的方法,而这种方法无论是对桁架结构的装配,还是对板架结构的装配,都普遍适用。胎具有用来进行单件装配的,也有用于组合件装配的。

桁架结构的装配胎具绝大部分是根据桁架的形状、尺寸制作的。它是从地样装配法和仿形复制装配法发展起来的。

在胎具装配法工作中,再配合各种机械式的工夹具,就能很大程度提高工效,减轻体力劳动。

装配胎具化是装配工作走向流水化、机械化的一个有效途径。胎具装配法适用于定型产品的成批生产。

招式80 装配质量的控制

装配质量控制的主要措施如下:

(1)以操作者工作质量确保产品装配质量。操作者的业务能力、技术水平等各方面条件直接影响着产品质量。为此,对产品质量的控制始终应狠抓人的工作质量,避免人的失误;充分调动人的积极性,发挥人的主导作用。在产品组装时应建立健全生产组织和管理要求。

(2)产品组装时,需投入大量的各种原材料、成品、半成品、构配件;要采用不同的施工工艺和施工方法,这是构成产品质量的基础。投入品质量不符合要求,产品质量也就不可能符合标准,所以,严格控制投入品的质量是确保产品质量的前提。为此,对投入品的订货、采购、检查、验收、取样、试验均应进行全面控制,并严格检查验收。

(3)产品的组装质量都是经过互相联系的工序来完成的。要确保产品的质量,达到整体优化的目的,就必须全面控制产品实现施工过程。产品质量是在工序中所创造的,要确保产品质量就必须重点控制工序质量。只要每一道工序质量都符合要求,整个产品交付质量就能得到保证。

产品组装过程的重点工作应是组装模具和定位焊,所以组装模具的正确选择和定位焊前质量检验应重点控制。

(4)对装配质量易发缺陷进行预防控制。保证将质量问题消灭于萌芽之中。预防就是要加强对影响质量因素的控制和易发质量缺陷的控制。产品装配质量的控制主要是装配后焊接质量的控制和组焊后变形缺陷的控制,对此应有目的地加强控制和预防。

(5)按不同产品的结构特点及组装特性,采取不同的以预防为主的质量控制手段和措施,使产品装配质量得到控制和保证。

招式81 装配质量的检验

产品装配后一般以焊接方式进行连接,在产品完成装配后应及时进行质量的检查和验收,才能转入焊接工序施工。

产品装配质量的检验应注意以下几个问题:

①产品装配质量检验的主要依据是产品的总装图。产品组装检验前应了解和熟悉总装要求,其中包括组装零部件的位置关系、连接方式、装配尺寸和精度要求等,还有技术说明中需要的技术条件和相关要求。

②按图样和技术要求的内容,在产品组装后检验时,逐一进行检查验收,发现问题及时解决,直到符合要求为止。

③产品组装后需焊接连接时,在产品组装后应重点对焊接坡口形式、间隙、坡口处理和定位焊质量等方面严格检验。

④按产品组装的不同要求,分别进行检验。

总之,产品组装后的质量检验应严格要求,通过检验,各项检验指标符合要求后,才能转入下道焊接工序施工。

第六章
18招教你做好矫正质检和验收
shibazhaojiaonizuohaojiaozhengzhijianheyanshou

钣金产品在下料、加工和焊接过程中,由于各种原因会出现不同程度的变形和缺陷。这些缺陷会影响产品加工的整个过程,严重的会直接影响产品质量。因此,要在下料、切割、加工和检验前,对钣金各种变形缺陷要进行矫正,以确保产品质量。

招式 82 钢材变形的矫正原理和基本方法

钢材在外力作用下,引起尺寸、形状和体积的改变,称为变形。变形分弹性变形和塑性变形两种。弹性变形是在外力去除后能恢复原来形状的变形。塑性变形是在外力去除后仍然留下来的变形,也称永久变形。为使变形的钢材获得矫正,要根据具体情况采取不同的方法,才能得到事半功倍的效果。

(1)冷矫正。钢材在常温状态下进行的矫正称为冷矫正。冷矫正时易产生冷硬现象,适用于塑性较好的钢材变形的矫正。钢材在低温严寒的情况下,不能进行冷矫正,因为一般钢材在严寒情况下容易脆裂。

冷矫正时,作用于钢材单位面积上的矫正力要超过屈服强度且小于极限强度,使钢材发生塑性变形来达到矫正的目的。

矫正的过程,就是钢材由弹性变形转变到塑性变形的过程,因此,材料在塑性变形中,必然会存在一定的弹性变形。由于这个原理,当使材料产生塑性变形的外力去掉之后,工件就会有一定程度的回弹。

(2)热矫正。钢材在高温状态下进行的矫正称为热矫正。热矫正可增加钢材的塑性,降低其刚性。热矫正一般在下列情况下采用。

①由于钢材变形严重,冷矫正时会产生折断或裂纹;

②由于钢材材质很脆,冷矫正时很可能突然崩断;

③由于设备能力不足,冷矫正时克服不了工件的刚性,无法超过屈服强度而采用热矫正。

热矫正的温度范围一般在700~900℃之间,如果温度过高,会引起钢材过热或过烧;温度低于700℃时,容易产生热脆裂。因此,在热矫正时一定要控制好加热温度,同时还要考虑钢材在冷却中的收缩量。例如角钢的热矫正,两边较薄,热量较少,收缩量也少一些;而角钢的脊部较厚,热量较多,收缩量也多一些。因此,角钢矫正没有完成时,让脊部略成微凸状,待工件冷却后达到平直。

招式 83　手工矫正

手工矫正是利用锤击及其他辅助工具方法来进行矫正。手工矫正操作灵活简便,适用于对尺寸不大的钢材变形矫正。手工矫正用的主要工具有手锤、大锤和型锤等,主要工装是平台、压马和卡马等。

(1)手工矫正的工具和工装

①手锤。手锤的锤头通常有圆头、直头和横头等。手锤锤头重量一般在0.5~1.5kg 之间。锤柄选用比较坚固的木材制成。锤柄不宜太长和太短。木柄断面呈椭圆形,中间稍细,这样便于握紧和减轻锤击产生的振动。木柄装入锤头后用倒刺的铁楔敲入锤孔中紧固,以防锤头脱出。型锤是以锤头形状而定,分为平锤、弧锤、斩口锤等各种专用型锤。

打大锤时必须注意安全。锤击前,应检查锤柄是否打入铁楔与有否松动或有无裂纹;严禁戴手套打锤,以防大锤滑脱;起锤时,先看清周围是否有行人;两人工作时,应避免对面站立,以防止锤头脱出发生事故。

②平台。钣金放样、调矫、成形或装配工作一般需要在平台上完成。

a.钢板平台。由厚铁板下面垫枕木而成。用于钣金放样、组装使用。

b.铸造平台。平台铸造成形,表面机加工,供立体划线使用。分平面平台和带孔平台。带孔平台可在平台孔中插入卡马固定工件或胎具。

c.带槽平台。平台表面加工 T 形槽,插入螺栓固定工件,用于调矫、成形、装配或固定胎膜加工。

d.划线平面。表面加工,供立体划线使用。

③压马。压马的主要作用是压紧工件。压马有螺旋压马、液动压马和钢板压马等。

a.螺旋压马。利用螺旋的作用压紧、拉动、顶动工件,在成形、组装时经常使用,例如各种压钳(台钳、管钳等)、丝杠拉紧器和丝杠千斤顶等。

b.电磁压马。电磁压马是利用电磁铁吸力作用使工件固定,在机加工或装配时可以使用各种各样的电磁压马。

c.液动压马。液动压马是利用液压作用压紧或顶动工件,在装配时经常使用,例如油压千斤顶和油压卡紧工具等。

d.钢板压马。钢板压马是自制的,利用铁板焊接的压卡具,可以与楔铁同用,完成装配时成形和定位的功能作用。

④卡马。卡马是用优质碳素钢材料的圆钢经锻造弯曲成弓形的专用卡具。它和带孔平台共同使用,卡马一端插在平台孔中,另一端利用卡马的弹力压在工件上起固定作用。根据使用要求不同,卡马形状和大小各异。

⑤扳杆。扳杆是自制的利用杠杆作用的一种钣金专用工具。因使用功能不同,扳杆的头部做出不同样式。常用的板杆头部有直口、侧口和凸轮形等。各种扳杆用钢板加工而成。一般焊接在钢管上起杠杆作用,在钣金组对装配时经常使用。

除以上介绍的工具外,还有台虎钳、千斤顶、吊链等矫形工具。

招式 84 板料变形的手工矫正

(1)薄板变形的手工矫正。薄板是指厚度 4mm 以下的钢板。薄板变形的主要原因是由于板材在轧制过程中因受力不均致使内部组织松紧不一而产生不可通过锤击板材的紧缩区,使其延伸而获得矫正。为提高矫正效果,往往综合使用多种矫正手段,如矫正中间凸起时,可将薄板凸起处朝上放在平台上,在凸起处上面垫上厚板用卡子压紧再锤击四周使其得到矫正。

薄板的变形主要有中间凸起、边缘呈波纹形、对角翘起等几种形式。

矫正薄板中间凸起时,锤击板凸起部位的四周,由凸起的周围开始逐渐向四周放射的方向锤击,越往边缘锤击的密度应越大,锤击力也越重,使薄板的四周伸长,则中间凸起的部分就会消除。值得注意的是,如果直接锤击凸处,则由于薄板的刚性差,锤击时凸处被压下,并使凸起部分进一步伸长,其结果适得其反。

矫正四周呈波纹形时,应从四周向中间逐渐锤击,锤击点的密度往中间应逐渐增加,锤击力也应越重,使中间部分伸长而矫平。

如果薄板发生扭曲等不规则变形,例如在平台上检查时,发现薄板对角翘起,矫正时应先将贴平台对角用卡马压牢,并沿另一段有翘起的对角线进行锤击,使其延伸而矫平。

特薄板(厚度为 1mm 以下)的变形可以用拍板(俗称甩铁)进行拍打来矫平。拍板用厚 3~5mm、宽不小于 40mm、长不小于 400mm 的钢板制成,其具体尺寸可随板料的厚度和大小而定。

　　薄板变形的矫正是一项难度较大的操作,在矫正时,应首先分析并判断薄板变形的程度,然后锤击紧贴平台的那些平的部位,使其延伸,并不断翻转检查,直至调平为止。

　　②厚板变形的手工矫正。厚板是指厚度 5~20mm 的钢板。厚板变形的手工矫正通常采用以下两种方法。

　　a.直接锤击凸起处。直接锤击凸起处的锤击力量要大于材料的屈服极限,使凸起处受到强制压缩而达到矫平的目的。

　　b.锤击凸起区域的凹面。锤击凹面可用较小的力量,使材料仅在凹面扩展,迫使凸面受到相对压缩。由于厚板的厚度大,在其凸起处的断面两侧边缘可以看作是同心圆的两个弧,凹面的弧长小于凸面的弧长。因此,矫正时应锤击凹面,使其表面扩展,再加上钢板厚度大,打击力量小,结果凹面的表面扩展并不能导致凸面随之扩展,从而使厚钢板得到矫平。

　　对于厚钢板的扭曲变形,可沿其扭曲方向和位置,采用反变形的方法进行矫正。其方法同薄板的矫正,先将贴平台部位压紧后,再对扭曲部位进行矫正。 对校正后的厚板料,可用直尺检查是否平直,若用直尺的棱边以不同的方向贴在板上观察其隙缝大小一致时,说明板料已平直。

　　手工矫正厚钢板时,为了达到理想的效果,往往与加热矫正等方法结合进行。

　　钢板随着厚度的增加,手工矫正较为困难,在设备有条件时应采取机械调平矫正和火焰加热调平矫正效果更好。

　　钢板变形在矫正时,应注意锤击不要造成深度大于 0.5mm 的锤痕,尽量利用大锤打击平锤的方法进行调子矫正。特别是薄板在调平矫正时,要注意调平矫正方法不正确,或是锤痕过深往往造成应力增加或应力混乱,使调平矫正增加极大的难度,得到的只是事倍功半的结果。

招式85 　扁钢变形的矫正

　　扁钢变形有弯曲和扭曲两种形式。当扁钢在厚度方向弯曲时,应将扁钢的凸处向上,锤击凸处就可以矫平。当扁钢在宽度方向弯曲时,说明扁钢的内层纤维比外层短,所以用锤锤击一次扁钢的内层,或在内层的三角形区域内进行锤击,使其延伸而矫直。

在矫正扭曲的扁钢时,将扁钢的一端用虎钳夹住,用叉形扳手夹持扁钢的另一端,进行反方向地扭转,待扭曲变形消除后,再用锤击法将其矫平。若扁钢有轻微的扭曲时,也可以直接用锤击矫正。锤击时将扁钢斜置于平台上,使平的部分搁置在台面上,而扭曲翘起的部分伸出平台之外。用锤锤击稍离平台边外向上翘起的部分,锤击点离台边的距离约为板厚的两倍左右,边锤击边使工件往平台移动,然后翻转180°再进行同样的矫正,直至矫平为止。

扁钢变形矫正后还应将扁钢放在平台上将细小的变形矫正。

扁钢变形矫正后的检查方法,是用粉线检查扁钢边缘是否平直。扁钢平整后也可放在平台上检查。

招式 86 角钢和圆钢变形的矫正

(1)角钢的变形有扭曲、弯曲和两面不垂直等形式。手工矫正角钢,一般应先矫正扭曲,然后矫正弯曲和两面的垂直度。

①角钢扭曲的矫正。角钢扭曲的手工矫正与扁钢扭曲的矫正方法相同,即对小角钢的扭曲可用叉子扳扭;对较大角钢可斜置于平台边缘锤击矫正;对于有严重扭曲而不适合于冷作矫正时,可采用加热的方法进行矫正,在加热矫正时应垫上平锤后锤击。如工件较大,应待其冷却后再移动,以防产生新的变形。

②角钢两面不垂直的矫正。角钢两面不垂直可在平台上用弯尺检查出来,在矫正前要辅助使用 V 形槽铁等工具。

角钢两面夹角大于 90°时,应将大于 90°的一段放在 V 形槽铁或平台上,另一端由人工掌握,锤击角钢的边缘,打锤要正,落锤要稳,否则工件容易歪倒,震伤握件人的手。

角钢两面夹角小于 90°时,可将角钢仰放,使其脊线贴于平台上,另一端人工用力掌握,用平锤垫在角钢小于 90°的区域里,再用大锤打击平锤,使角钢两面劈开为直角。

③角钢弯曲的矫正。角钢的弯曲变形是最常见的,矫正时可选择一个合适的钢圈,将角钢放在钢圈上,锤击凸部,使其发生反弯曲而调直。

(2)圆钢变形的矫正一般在平台上进行,其操作比较简单。矫正时,使凸处向上,用锤锤击凸处使其反向弯曲变形而矫直。对于外形要求较高的圆钢,为避免锤击而损坏表面,矫正时,可选用合适的摔锤至于圆钢的凸处,然后锤击摔锤的顶部进行矫正。

直径10mm以下的圆钢,在盘条下料前调直时,可将其一端固定,另一端用吊链或拉伸机卡固,然后用吊链或拉伸机拉紧调直。这种方法有冷作硬化的效果,可用于直径10mm以下圆钢调直。

招式 87　槽钢和工字钢变形的矫正

(1)槽钢的变形有立弯、旁弯和扭曲等形式。由于它的刚性比角钢大,所以矫正比较费力,手工矫正只能适用于规格比较小的槽钢。

①矫正槽钢立弯。可将槽刚置于用两根平行圆钢组成的简易矫正台架上,并使凸部朝上,用大锤打击。为使锤击力量能从上部传至下部,并防止翼板变形,锤击点应选在腹板处。

②矫正槽钢旁弯。与矫正槽钢立弯相似,将槽钢仰置于简易矫正台架上,用大锤锤击翼板进行矫正。为锤击两翼受力均匀,可在两翼之间垫一块厚板,这样锤击调弯时可以得到较好的效果(厚板的长度应大于槽钢的高度)。

③矫正槽钢扭曲。其方法与扁钢扭曲和角钢扭曲的矫正相同,可将槽钢斜置在平台上,使扭曲翘起部分伸出平台之外。伸出的长度应与槽钢宽度相同;槽钢在平台上的部分用卡马压紧效果更好。

用羊角卡或大锤将槽钢压住,锤击伸出平台部分翘起的一边,使其反向扭转,边捶击边使槽钢向平台内移动,然后再掉头进行同样的锤击,直至矫直为止。

④槽钢翼板变形的矫正

a.矫正外凸。可用大锤顶住翼板凸起附近平的部位,或将大锤横向顶住凸部背面,然后再用大锤打击凸起处,即可矫平。

b.矫正凹陷。将翼板平置于平台上,用大锤打击凹陷背面的凸起处,或在凸起处垫平锤,再用大锤打击,便可矫平。

(2)工字钢的截面大,强度高,在手工矫正变形的同时,一般要结合使用相应的机械工装和配合加热的方法来进行。

①工字钢翼板旁弯的矫正。旁弯较小时,可以冷作矫正,即将工字钢放在平台上,直接锤击翼板的凸边。锤击前,要在平台上和工件之间的适当距离垫

上支承,也可以采用垫铁,以便更好地发挥锤击力量和预防锤击后工件的回弹。

用调直器调直工字钢翼板的旁弯。把调直器的丝杠压块与挂钩的距离调到大于工字钢翼板宽度的位置,将压块对准工字钢翼板的凸边上,并把两个挂钩挂在翼板的凹边上,摆正位置后,转动扳把,使工件略成反弯曲,同时锤击原凹边,使之扩展,卸掉调直器,工件即可被调直。

②工字钢的加热矫正。工字钢的刚度较大,当其变形严重不适于冷作矫正时,可采用加热矫正。加热长度要大于工件变形区域的长度。加热矫正一般多采用分段进行。

在各种型钢变形的矫正时,由于型钢的刚度较大,单纯用冷作法手工矫正很困难,可以借助于辅助工具(例如千斤顶、调直器等)和加热法完成人工矫正工作。

型钢变形的矫正时应注意先矫正角钢两边和槽钢或工字钢翼板变形部位(即为扭曲变形部位),然后矫正型钢弯曲的部位,最后统一找细检验,一般用粉线拉直比较对照矫正效果即可。

招式 88 机械矫正的基本方法

机械矫正钢材是在专用机械或专用矫正机上进行的。操作者需了解机械设备的结构原理和使用性能,操作前要对其完好情况进行严格检查,定期加注润滑油,熟悉并严格遵守设备的安全操作规程。

钢板变形的机械矫正有如下几种方法。

①滚板机(也称平板机)矫正钢板。滚板机是专用矫正机械,可矫正钢板及型钢的弯曲变形。滚板机的结构有多种形式,常用的是两排轴辊的。按两排轴线所在的平面位置,可分为平行式和不平行式两种。按轴数的多少又分5轴辊、7轴辊等。一般情况下,矫平薄板的轴辊多,矫平厚板的轴辊少。其轴数的排列,上排比下排多一根。两排轴辊的距离通过机械可以调整,有的上排轴辊可以单独调整,工作时,轴辊可向前或向后转动。滚板机的传动系统是由电动机传动减速机带动轴辊的转动。

矫正时,为使板料受到足够的压力,进料口的上下轴辊垂直间隙应略小于板材的厚度。为使板材能够矫正平直,出料口的上下轴辊间隙不得小于板材的厚度。

a.滚板机的工作原理。当不平的板料进入滚板机时,即受到上下两排交错排列的轴辊滚压,经过反复弯曲延展,板料原有的紧缩区域变得松弛,而原来的松弛区域虽然也得到延展,但比紧缩处的放松程度要少,从而调整了板材的松紧,使板材获得矫正。

b.矫正方法。矫正板材前,应查看其变形的情况,适当调整两排轴辊间隙,空转试车正常后,即可将板材输入轴辊之间进行平直矫正。

有的板材在滚板机上往往一次难以矫平,而需要在滚板机上进行多次滚压。多次滚压即是滚板机前后转动,或者翻转钢板上下两面的朝向,进行多次滚压。

在调整厚钢板时,也会遇到局部严重凸起,难以直接输入滚板机进行矫平。为此,可先用火焰对其严重凸起处进行局部加热修平,待基本修平后,再用滚板机进行矫正。如果钢板平直精度要求较高,在滚板机矫正之后仍达不到所要求的平直度,应采用手工矫正的方法进行精矫。

在没有专用滚板机的情况下矫正薄板时,可在一般的滚板机上用大于工件幅面的厚钢板作垫,把薄板放在厚钢板上同时滚压。采用此方法时,要注意上下两排轴辊的间隙不宜太小,以免损坏设备,并且应在薄板变形区域的紧缩部位加放垫条,以利矫平。

较小规格的板材和未经煨曲成形的平板料,也可利用滚板机矫平。其方法是用大幅面的厚钢板作垫,把厚度相同的小块板料均匀地摆放在垫板上,同时滚压。如小块板料变形复杂时,待滚压一至两遍后,翻转工件再滚压。对于滚压后仍不能矫平的板料,需另进行手工矫正。使用滚板机时,要随时注意安全,严防手和工具被带进滚板机而造成人身和设备事故。另外,在滚板矫平前和矫平过程中,要将板面上的铁屑、杂物、焊瘤等清除干净,以免在滚压过程中,在板材表面压出压痕造成损伤。

②滚圆机矫正钢板。滚圆机主要是将板料卷曲为筒形零件的机械设备。在缺乏滚板机的情况下,利用滚圆机也可矫平板材。

a.厚板的矫正。先将板材放在上下轴辊之间滚出适当弧度,然后将板材翻转,调整上下轴辊距离,再滚压,使原有弧度反变形,几经反复滚压,即可矫平。

b.薄板和小块板料的矫正。与采用滚板机方法相同,即用大面积的厚钢板作垫,在垫板上摆放薄板或厚度相同的小块板材合并一起滚压。在滚压时,应注意将滚压矫正的工件和下料的板材经常翻转,可以提高钢板矫平速度和质量。

③压力机矫正厚钢板。利用压力机矫正厚钢板(一般矫正薄钢板较为简单、没必要用压力机进行矫正),其原理就是用压力机代替手工矫正大锤的冲击压力,可矫正手工矫正无法矫正的刚度较大厚钢板的变形。

a.利用压力机对厚钢板变形进行矫正,应首先找出变形部位,先矫正急弯,后矫正慢弯。基本方法是在凸起处施加压力,并用厚度相同的扁钢在凹面两侧支撑工件,使工件在强力作用下发生塑性变形,以达到矫正的目的。

在用压力机对厚板凸起处施加压力时,要使钢板略成反变形,以备除去压力厚钢板回弹。为留出回弹量,要把工件上的压铁与工件下两个支撑垫板适当摆放开一些,当受力点下面空间高度较大时,应放上垫铁,垫铁厚度要低于支撑点的高度。只是要保证圆钢的长度大于钢板的宽度;两圆钢之间距离按钢板变形进行适当的调整即可。

在利用压力机矫正厚钢板时,应在压力机的压头上安装一个圆钢压杆,压杆的长度大于钢板的宽度(小于压力机平台宽度),基本与调直垫铁的圆钢的长度相同并且平行配套使用。

b.对厚板扭曲的矫正。首先判明钢板扭曲的部位。凡钢板扭曲时,其特点均是一个对角附着于工作台上,而另一对角翘起。矫平时,同时垫起附着于工作台上的对角,在翘起的对角上放置压杆,操作方法与厚板弯曲的矫正相同。要注意的是摆放在工件下面的支撑垫,应与工件上面的压杠相平行,距离大小应依据扭曲的程度而定。

压杆应基本对正扭曲造成凸起部位中心线为最佳位置,以便准确快捷地将扭曲钢板调矫合格。

当施加压力后,可能由于预留回弹量过大而出现反扭曲,对此,不必翻动工件,只需将压杠、支撑垫调换位置,再用适当压力矫正。如扭曲变形不在对角线而偏于一侧时,其矫正方法相同,但摆放压杠、支撑垫的具体位置应作相应的变动。

当厚板扭曲被矫正后,如发现仍存在弯曲现象,再对弯曲进行矫正。总之,要先矫正扭曲,后矫正弯曲,才能提高矫正的工效和质量。

招式 89 火焰矫正的原理

火焰矫正不但可以用于钢材的矫正,还可以用于钣金产品在制造过程中和焊接工序中产生的变形。火焰矫正方便灵活,因而应用非常广泛。火焰矫正其实也是手工矫正的一种形式,在手工矫正时因钢材变形的刚度较大,单纯用手工矫正的方法有时力不从心,就借助于火焰(一般用氧—乙炔火焰)对变形进行加热,降低变形部位的刚度,使手工矫正能较容易地解决变形矫正的问题。但是,这里所讲的火焰矫正方法的原理与手工矫正利用加热方法降低变形刚度以易于手工矫正解决变形不尽相同。

(1)火焰矫正的原理。火焰矫正是在钢材的弯曲不平处用火焰局部加热的方法进行矫正。金属材料有热胀冷缩的特性,当局部加热时,被加热处的材料受热而膨胀,但由于周围温度低,因此膨胀受到阻碍,此时加热处金属受压缩应力,当加热温度达到 600~700℃时,压缩应力超过屈服极限,产生压缩塑性变形。停止加热后,金属冷却缩短,结果加热处金属纤维要比原先的短,因而产生了新的变形。火焰矫正,就是利用金属局部受热后所引起的新的变形去矫正原先的变形。因此,了解火焰局部受热时所引起的变形规律,是掌握火焰矫正的关键。

火焰矫正时,必须使加热而产生的变形与原变形的方向相反,才能抵消原来的变形而得到矫正。

火焰矫正的热源,通常采用氧—乙炔火焰。由于氧—乙炔火焰温度高、加热速度快,所以广泛应用于钢材变形的矫正和钢材的切割、焊接等。

(2)加热位置与方式

①加热位置、火焰热量与矫正的关系。火焰矫正的效果取决于火焰加热的位置和火焰的热量。不同的加热位置可以矫正不同方向的变形,加热位置应选择在金属较长的部位,即材料弯曲部分的外侧。如果加热位置选择错误,不但不能起到应有的矫正效果,而且可以产生新的变化,与原有的变形叠加,变形将更大,变形的矫正更困难。

用不同的火焰热量加热,可以获得不同的矫正变形能力。若火焰的热量不足,就会延长加热时间,使受热范围扩大,这样不易矫平,所以加热速度越快、热量越大,矫正能力也越强,矫正变形量也越大。

低碳钢和普通低合金结构钢火焰矫正时,常采用600~800℃的加热温度。一般加热温度不宜超过850℃,以免金属在加热时过热,但也不能过低,因温度过低时矫正效率不高。在实际操作中,凭钢材加热后的颜色来判断加热温度的高低。

②加热方式。有点状加热、线状加热和三角形加热三种。

a.点状加热。加热的区域是直径不定的圆圈状的点。根据钢材的变形情况可以加热一个点和多个点。对厚板加热时,加热点要适当大些,薄板要小些,一般不应小于15mm。

b.线状加热。加热时火焰沿直线方向移动或同时在宽度方向作一定的横向摆动,它有直通加热、链状加热和带状加热三种。

加热线的横向收缩一般大于纵向收缩,其收缩量随着加热宽度的增加而增加,加热宽度一般为钢材厚度的0.5~2倍左右。线状加热一般用于变形较大的结构。

c.三角形加热。加热区域呈三角形。由于加热面积较大,所以收缩量比较大,并由于沿三角形高度方向的加热宽度不等,所以收缩量也不等,因而常用于刚性较大构件弯曲变形的矫正。

在实际矫正操作中,常在加热后用水急冷加热区,以加速金属的收缩,提高矫正的效率。它与单纯的火焰矫正法相比,效率可提高3倍以上,这种方法又称为水火矫正法。水火矫正有一定的局限性。当矫正厚度为2mm的低碳钢板时,加热温度一般不超过600℃,此时水火之间的距离应靠得近些。当矫正厚度为4~6mm的钢板时,加热温度应取600~800℃,水火之间的距离为25~30mm左右。当矫正厚度大于8mm钢板时,一般不采用水冷。当矫正具有淬硬倾向材料的钢板时,如普通低合金钢板,应把水火距离拉得大些。对淬硬倾向较大的材料,就不能采用水火矫正法。

招式90 钢板的矫正

钢板变形的形式有钢板中部凸起或边缘呈波浪形等。当矫正钢板中部凸起的变形时,可先将钢板置于平台上,用卡子将钢板四周压紧,然后用点状加热法加热凸起处的周围,再逐步向凸起处围拢,即能矫平。矫正后只要用大锤沿水平方向轻击卡子,便能松开取出钢板。

如果钢板的四边呈波浪形变形时,可用上述方法矫正,也就是将钢板置于平台上,用卡子压紧三条边,则波浪形变形集中在另一边上,然后用线状加热法先从凸起的两侧平的地方开始,再向凸起处围拢。加热线长度一般为板宽的 1/2~1/3,加热线距离视凸起的高度而定,凸起越高,则变形越大,距离应越近,一般取 50~200mm 左右。如经第一次加热后尚有不平,可重复进行第二次加热矫正,但加热线位置应与第一次错开。

在进行矫正工作时,为提高矫正效率可采用浇水冷却。矫正厚钢板发生的弯曲变形时,先将钢板凸起处朝上平放在平台上,找出凸起的最高点,然后用氧—乙炔火焰在最高位置处进行线状加热。加热温度取 500~600℃,加热深度不要超过板厚的 1/3,使板厚方向产生不均匀收缩,上部的收缩大,下部的收缩小,从而使钢板矫平。如果在钢板的厚度方向上温度一致,则达不到收缩矫平的目的。所以加热时必须采用较强的火焰,以提高加热速度,缩短加热时间。如果一次加热未能矫平时,可进行第二次加热,直至矫平为止。

钢板变形火焰矫正的同时,可以利用手工矫正的方法辅助矫正或精矫,这样可以提高矫正速度和质量。

钢板变形火焰矫正后的质量检验与手工矫正和机械矫正的检验方法相同。

招式91 型钢的矫正

型钢局部的弯曲变形可以应用火焰加热法来矫正。根据矫正原理,加热位置必须取在型钢弯曲部位的凸起处。矫正时,在槽钢的两边同时向一个方向进行线状摆动式加热,加热宽度视变形大小而定。工字钢的水平弯曲,矫正时可在工字钢上下两翼板的凸起处同时进行三角形加热,使起纤维收缩而矫直。T形钢的弯曲变形可看作由水平和垂直的两块板组合而成。两块板都发生了弯曲,其弯曲变形主要是由垂直板引起的,所以只要把垂直板矫正,水平板的变形也就自然地得到矫平,整个型钢的变形也就消失了。因此,必须以垂直板作为加热对象,采用三角形加热法进行矫正。管子的弯曲变形,采用点状加热管子的凸面,加热速度要快,每加热一点迅速移到另一点,一排加热后,可再取另一排,使加热处金属收缩而矫直。

招式92 常用的机械矫正的原理和方法

(1)多辊型钢调直机。角钢、槽钢、工字钢可以在多辊型钢调直机上进行，其矫正原理和板料矫正的原理相同；型钢也是通过两列辊轮间使其反复弯曲，纤维被拉长而得以矫正。

(2)型钢撑直矫正机是采用反向弯曲方法来矫直的，撑直机呈水平布置，有单头和双头两种。

(3)压力机矫正。在缺乏专用矫正设备的情况下，钢板和型钢也可在压力机(油压机、水压机或自制螺旋压力机)上加压使之产生反向弯曲的方法进行矫正。由于钢材总有一定的弹性，当外力释放后有回弹现象，这在冷矫正时尤为明显，所以，反向弯曲时不仅要弯至平直，而且还要过弯一些，以补偿在外力释放后的回弹变形。

用压力机调整矫正型钢时常采用压力机并配合使用规铁等工具，也常用来矫正角钢。

其操作方法和注意事项如下：

a.预制的垫板和规铁应符合型钢断面内部形状和尺寸要求，以防止工件在受压时歪倒或撤除压力后回弹。操作时，要根据工件变形的情况调整垫板的距离和规铁的位置。

b.用机械矫正角钢的两面垂直度时，常采用直角型上下模胎进行压型矫正。

c.对工件变形的矫正要视具体情况经过反复试验，以观察施加压力的大小、回弹情况等，然后再进行批量工件的矫正。

(4)专用型钢矫正机。型钢矫正机的工作原理与滚压机相同。在结构上不同的是，一般模具辊轮设在支架外面呈悬臂形式，这样便于根据型钢的截面形状更换辊轮。型钢通过矫正机的滚压就可以被矫正。

专用型钢矫正机随着技术的发展，产生了各种型钢专用矫正机应用在各种钢构件生产线上。有机械调整和液压调整等形式，解决了钢结构H型钢变形的调直矫正的难题，提高了质量和生产功效。H型钢矫正机主要是矫正H型钢组焊后，因焊接变形造成的翼板和腹板之间角焊缝部位因焊接加热翘曲变形问题。

招式 93　焊件变形的矫正

焊件矫正方法有冷加工法和热加工法。冷加工包括手工矫正和机械矫正。冷加工法矫正有时会使金属产生冷作硬化，并且会引起附加应力，一般对尺寸较小、变形较小的零件可以采用。对于变形较大、结构较大的零件，应采取火焰加工法进行矫正。

（1）冷加工矫正

冷加工矫正包括手工矫正和机械矫正。

①手工矫正。手工矫正就是利用手锤等工具，锤击变形件合适的位置使焊件的变形减小或消除。由于用手锤锤击力量有限，所以对一些薄板、变形小、细长的焊件可采用手工矫正，如薄板产生的波浪变形、角变形、挠曲变形等。变形较小的细长杆件在手工矫正时，也可以使用大锤，但锤击力应适中，防止因矫正过力造成焊件焊缝裂纹。

②机械矫正。机械矫正是利用机械力使焊件缩短的部位伸长，产生拉伸塑性变形或对焊件弯曲变形施加反变形，使焊件的变形符合技术要求。常用的矫正设备包括压力机、千斤顶和各种专用工具设备等。

（2）火焰加热矫正法

火焰加热矫正是利用可燃气体与助燃气体混合燃烧放出的热量对变形件的局部进行加热，使之产生压缩塑性变形，伸长的部位冷却后局部缩短，利用收缩产生的变形抵消焊接引起的变形。

加热采用的主要是氧—乙炔火焰加热方式，操作简单方便，对机械无法矫正的变形，尤其是大型钢结构的变形，采用火焰矫正可达到较好的效果。

确定准确的加热位置，选择好加热温度和加热方式是提高火焰加热矫正效果的关键。

①加热位置的确定。确定准确的加热位置是矫正效果的关键，加热位置确定得不合适，不但不会矫正原有的变形，反而会增加新的变形。位置的确定应根据火焰矫正使焊件局部产生压缩塑性变形的原理，加热位置的选择应根据具体的钢结构变形种类和截面形状来确定，如 H 形钢产生上挠，选择加热位置一般与原变形位置相反。矫正也遵循杠杆定律，火焰离中性轴越远，矫正力越大。

由此确定加热点时首先要看焊件变形大小,变形大时,加热点应选择离中性轴稍远的地方,变形小时应选择在离中性轴稍近的点。切不可矫枉过正,造成矫正失误和不必要的损失。

②加热温度的控制。矫正中应控制好加热温度,温度高了会使金属材料的晶粒变得粗大,导致钢结构的力学性能降低,过低了矫正效果差。所以,应根据钢结构的材质、厚度、截面形状等控制好加热温度。常用的结构钢的加热温度一般控制在 600~800℃。

现场测温一般是用眼睛观察加热部位的颜色,大致判断加热部位的温度。

③加热方式的选择

a.点状加热。加热金属表面时,火焰在局部区域形成圆点。点状加热主要用于薄板产生波浪变形的矫正。对于不易淬火钢和不锈钢薄板,为了提高矫正效率、避免周围加热面积过大,在局部加热到所需温度时,用湿毛巾冷却加热点以外不需要加热的部位。

b.线状加热。火焰呈直线方向移动,或沿移动方向稍作横向摆动,连续加热金属表面,形成一条宽度不大的线。线状加热又可分为直通加热、环形加热和带状加热。线状加热的特点是横向收缩量一般大于纵向收缩量,横向收缩使构件产生角变形。

c.三角形加热。加热形状呈三角形故称三角形加热。加热时面积上大下小,所产生的收缩量是上边大,下边逐渐过渡到零。所以三角形加热主要用于构件刚性较大、变形量大的弯曲变形。

根据钢构件特点和变形种类,也可采用线状加热和三角形加热相结合,线状加热和点状加热相结合等。如工字梁、T形梁上拱变形。

火焰加热矫正可以结合手工矫正和机械矫正同时采用,其矫正的功效和质量更佳。

火焰加热一般采用自然冷却方式,加热以后也可用水迅速冷却,效果和速度更好,但只能普通碳素钢可以采用,易淬钢绝对不能采用水迅速冷却。

招式 94 焊接质量的过程检验

(1)材料进厂验收和复验。钣金产品制造单位应建立采购控制程序。该控制程序中应对供方进行有效的评定。

原材料进厂验收首先应对材料质量证明书中的材料牌号、规格、供货状态、检验项目及数据、执行标准等进行验收。

①原材料进厂验收。严格钣金产品用材(主要是钢材)的管理,确保材料质量,是保证钣金产品质量的重要措施,为此钣金产品制造单位应制定相应的验收制度,杜绝不合格原材料流入生产工序。

a.原材料进厂后,采购人员应会同材料质控负责人按订货协议及相应的材料标准,对材料质证书进行验收。

b.材料质证书经检验合格后,采购人员会同材料保管员按要求对材料质证书与实物的一致性进行检验。已经以上检验合格的原材料还需对以下内容进行检验:

(a)外观质量;

(b)几何尺寸;

(c)凡需复验的原材料,应按复验要求的项目进行复验;

d.对无质证书、材料无原始标记、质证书与原材料不一致或复验不合格的原材料,制造厂应拒绝接受入库。

②焊材的验收。钣金产品各元件之间的焊接接头质量对钣金产品的安全性来讲是相对薄弱的环节,所以对焊材应重点验收。

a.焊接材料进厂后,采购人员会同材料质控负责人对焊材质证书的项目、数据是否符合相关标准、订货协议、技术条件及特殊要求进行检验。

b.焊接材料质证书经检验合格后,采购人员会同材料保管员对焊材实物的批号、包装等与质证书进行核实,其内容应统一。

c.凡有特殊复验项目要求的还应按要求进行复验。

d.经检验和复验合格的焊接材料码放在符合要求的焊材库,并由保管员在明显的位置做出材料标记。

③材料的复验。材料复验的要求如下。

a.用于制造第三类钣金产品用钢板投料前必须进行复验。b.用于制造第

一、二类钣金产品用钢板,有下列情况之一时必须进行复验:

(a)设计图样要求复验的;

(b)用户要求复验的;

(c) 制造单位不能确定材料真实性或对材料的性能和化学成分有怀疑的;

(d)钢材质证书注明复印件无效或不等效的。

材料复验的方式和规定如下:

a.钣金产品用钢主要有碳素钢、低合金钢、高合金钢、低温用钢、中温用钢及复合钢板等。其复验方式应根据材料在制造过程是否还需恢复性能热处理而有所区别。

b. 国外进口材料的复验应按材料生产国相应的规范和标准规定的试验方法、验收要求及式样形式、尺寸、加工要求进行复验,但其技术要求按相关规定执行。

④材料代用和审核

a.钣金产品制造单位对主要受压元件的材料代用,必须事先取得原设计单位出具的设计变更批准文件,否则不得随意代用主要受压元件的材料。

b.材料标记的移植。钣金产品制造中受压原件用材从保管、发放、下料及生产流转过程均应体现可追踪性。防止材料的混用、错用,材料标记移植是一种可靠和行之有效的手段。

产品在制造过程中,各工序(直至耐压试验)都应保持标记的清晰、完整、正确。

c.焊接材料质量控制。凡进入焊材库保管的焊材,均应按相关规定验收。未经验收合格的焊材不得入库保管,或暂放置在具有明显标识的待验区内。

生产过程中焊接材料的保管,应设置必要的二级库,其二级库的条件及要求按照焊材的验收中有关内容进行管理。

焊条、焊剂在使用前应按规定进行烘烤,未烘烤的焊条、焊剂不得用于钣金产品受压元件的焊接。

焊材的发放:焊工领用焊材时,必须持经领导批准的焊材领料单。

焊接过程的质量检验是在焊接过程质量控制的基础上完成的。关于焊接过程的质量控制主要是焊接坡口、焊接工艺和焊接焊缝处理及焊接返修等方面,其中最主要的是焊接工艺和参数的控制。应做好相应的检验记录及相关质量保证资料的记录等。

招式95 焊接终检验收

焊接终检验收应做好下面四个方面的工作：

(1)一般规定

①焊接质量检验应按规程及图样和技术文件要求，对焊接质量监督检查。

②焊接质量检验应根据规范标准及图样要求的焊缝质量要求编制焊接质量检验规程及检查方案。

③焊接检查应符合规范标准的要求,按检验批和抽检计数方法、检验评定方法进行。

④检验查出不合格焊接部位应按有关规定修补至检查合格。

⑤按规定记录和整理相关质量记录和质量保证资料。

(2)处理质量检查

①所有焊缝应冷却到环境温度后进行外观检查,其检查结果作为验收依据。

②外观检查一般用目测法,必要时应用量具、卡规等。

③焊缝外观质量检查(包括:未焊满、咬边、接头不良、表面气孔、夹渣、裂纹、伤痕和焊缝尺寸等)应符合规范标准尺寸规定。

④其他焊接方法和焊接外观缺陷应符合相关规定要求。

(3)焊缝无损检测

①无损检测应在外观检查后进行。无损探伤检测报告应由持有损伤相应资质的人员签发。

②设计要求全焊透的焊缝,必须按规定进行无损检测。其检测结果应符合相关规定(GB 11345)合格要求,出现不合格应按规定进行返修直至合格为止。

③焊缝无损检测方法包括射线探伤或超声波探伤。其方法和焊缝质量评定按相关标准(GB 3323)执行。

④焊缝表面检测（包括磁粉探伤、渗透探伤等）应符合相关规定(GB/T 6061)的要求。

(4)焊缝耐压试验。耐压试验按试验介质一般分为液压试验和气压试验两种。产品焊缝全部焊接后,经以上检验项目完成后,按规定进行整体耐压试验的,应按以下要求进行。

①液压试验。试验介质一般用水。液压试验前,压力容器各连接部位的紧固螺栓必须装备齐全、紧固。液压试验时,至少采用两块量程为试验压力1.5~3倍、并经校验合格的压力表。

在图样无设计要求时应参考以下程序进行水压试验:

试验时在容器顶部设置排气口,使液体充满容器,并使容器内部的空气排尽。在试验过程中保持容器外表面干燥。

当容器壁温与液体温度接近后,方可缓慢升压,达到规定试验压力后,保压0.5小时,然后将压力降至规定试验压力的80%(或工作压力),并保持足够长的时间,对所有焊接接头和连接部位进行检查,以不出现下列情况为合格:无渗漏;无可见的变形;试验过程中无异常的响声。如有渗漏,修补后重新试验,直至合格。

②气压试验。由于容器结构原因,不能向容器内充灌液体时,可按设计图样要求采用气压试验。

气压试验前,压力容器各连接部件的紧固螺栓必须装备齐全,并适当紧固;对压力表的要求同液压试验;试验用气体应为干燥、洁净的空气、氮气或其他惰性气体。

试验时压力应缓慢上升至规定试验压力的10%,保压5~10min,对所有焊接接头和连接部位进行初次检查。如无泄漏等情况,可继续缓慢升压至规定试验压力的50%,其后按每次每级为规定试验压力的10%的级差逐级升至规定试验压力,保压0.5小时后将压力降至规定试验压力的80%(或工作压力),并保持足够的时间再次进行检查。

经肥皂液或其他测漏液检查无漏气及无可见的变形为合格。如出现泄漏等时,应经修补后再按上述过程试验直至合格。

招式96 压力容器产品的质量检验

压力容器产品质量检验过程是对零部件和总装实际质量的检验过程,一般包括外观检查和加工几何尺寸检查两个内容。

外观检查：

产品外观及几何尺寸检查,除在每道工序施工过程中检查外、在整体热处理、耐压试验前均应对产品整体进行外观及几何尺寸的检查。

(1)容器简体表面质量检查

①产品内外表面在制造过程中应避免表面的损伤。对已造成的轻微的各种机械损伤、尖锐伤痕及不锈钢容器防腐表面的局部伤痕、刻槽等缺陷及时修磨。

②产品简体等部位表面因冷热成形加工造成的机械损伤,已超过规定的深度和其他要求的,应由有资质的焊工采取手工电弧焊或气体保护焊的方式进行补焊,补焊后及时修磨达到规定要求。

(2)焊缝外观检查。焊缝外观检查一般都是通过用肉眼、专用量规、放大镜等对焊缝外观质量进行检验。

①焊缝表面的清理。在焊缝外观检查之前,必须将焊接过程中母材金属上所有的飞溅物体及其他污物清理干净。

②焊缝应完整无漏焊现象,焊缝与母材圆滑过渡,同一条焊缝宽度应均匀,宽窄偏差控制在3mm之内。

③焊缝表面不得有裂纹、未焊透、表面气孔夹渣、弧坑和咬边等缺陷。以上表面宏观缺陷咬边等深度不大于板厚的5%(且不大于2mm) 时可以修磨;大于时应按规定要求补焊并修磨。

(3)密封面的质量检查

①压力容器设备的所有密封面,在加工完毕后的运输、安装等过程中要注意保护,严防磕碰划伤。

②当有密封面的焊接件,在焊接过程中要防止飞溅及电弧擦伤损坏密封面。

③密封面应保持光滑,不得有槽疤、划伤、刮伤、凹坑及径向贯穿伤痕等。密封面的质量出现损伤现象时应及时修整以确保密封面的密封性能。

尺寸(几何形状)检查：

(1)产品尺寸检查。包括:容器总体长度、零部件安装尺寸及焊缝余高、焊角高度等尺寸检查是否符合设计要求。对产品主要零部件尺寸检测,应符合设计要求。

(2)产品几何形状检查。包括简体的直线度、圆度和零部件组装方位的检查。检查结果应符合设计要求。其中简体的直线度用铁丝、粉线辅助检验；简体的圆度用外圆或内圆弓形样板检验。焊缝检验由焊缝检验尺完成。

(3)主要零部件的检验。压力容器的主要零部件包括简体、封头、人孔、管座、支座及其他主要附件。

压力容器主要零部件检验属于工序间质量控制点检验。检验要点是按着"检验规程"相关规定进行检验。工序质量检验不符合要求，严禁进入下道工序，经返修或返工重新检验合格后才能进入下道工序施工。

招式97 产品的无损探伤检测

(1) 无损探伤检测的方法。压力容器无损检测的方法一般包括：射线(RT)、超声(UT)、磁粉(MT)、渗透(PT)等。其具体检测方法、检测范围按图样和有关标准的规定。

(2)简体母材的无损探伤检测。简体母材无损检测一般采用超声(UT)的方法检验。其具体检测抽样、方法和质量等级要求符合图样和有关标准的规定。

(3)主要零部件的无损检测。主要零部件(包括管材、锻件、螺柱等)的无损检测一般采用超声(UT)、磁粉(MT)等方法检测。检测结果应符合图样及相关标准的规定。

(4)焊缝的无损探伤检测。压力容器焊接接头的无损检测，应在其外观质量检验合格后进行。压力容器A.B类焊接接头按GB 150的无损检测比例，一般分为100%和≥20%两种。

压力容器焊接接头等无损检测应按GB 150、GB 151、GB12337等标准的要求进行。射线(RT)、超声(UT)方法检测，不得存在裂纹、气孔、分层等，并符合JB 4730的I级要求。 压力容器无损探伤检测必须由持证上岗人员完成。相关探伤检测资料评定符合要求后整理存档。

招式98 耐压试验

压力容器产品制造完毕经产品总体检验合格后，应按产品规定进行耐压试验(液压试验、气压试验)。耐压试验介质一般分为液体和气体两种。

(1)液压试验。压力容器液压试验介质一般用水。液压试验前,压力容器各连接部位的紧固螺栓必须装备齐全、紧固。液压试验时,至少采用两块量程为试验压力 1.5~3 倍,并经校验合格的压力表。

在图样无设计要求时应参考以下程序进行水压试验。试验时在容器顶部设置排气口,使液体充满容器,并使容器内部的空气排尽。在试验过程中保持容器外表面干燥。当容器壁温与液体温度接近后,方可缓慢升压,达到规定试验压力后, 保压 0.5 小时, 然后将压力降至规定试验压力的 80%(或工作压力),并保持足够长的时间对所有焊接接头和连接部位进行检查,以不出现下列情况为合格:无渗漏;无可见的变形;试验过程中无异常的响声。如有渗漏,修补后重新试验,直至合格。

(2)气压试验。由于容器结构原因不能向容器内充灌液体时,可按设计图样要求采用气压试验。

①气压试验前,压力容器各连接部件的紧固螺栓必须装备齐全,并适当紧固。

②对压力表的要求同液压试验。

③试验用气体应为干燥、洁净的空气、氮气或其他惰性气体。

④试验程序如下。

试验时压力应缓慢上升至规定试验压力的 10%,保压 5~10min,对所有焊接接头和连接部位进行初次检查,如无泄漏等情况可继续缓慢升压至规定试验压力的 50%,其后按每次每级为规定试验压力的 10%的级差逐级升至规定试验压力。保压 0.5 小时后, 将压力降至规定试验压力的 80%(或工作压力),并保持足够的时间再次进行检查。

招式99 **钢结构的质量验收**

钢结构的安装质量具体要求如下:

(1)基础和支承面

①基础支撑面的强度必须符合要求才能验收交付。

②建筑物的定位轴线、基础轴线和标高、地脚螺栓的规格及其紧固应符合设计要求。

③基础顶面直接作为钢柱支承面,或基础顶面预埋钢板,或支座作为钢

柱支承面时,其支承面标高和地脚螺栓的位置误差应符合要求。

④采用坐浆垫板或杯口基础时,其坐浆垫板或杯口基础的各部标高和尺寸应符合要求。

(2)安装与校正

①钢结构件的运输、堆放和吊装应符合规定要求。对在运输、堆放和吊装的过程中造成钢结构件的变形及涂层脱落,应及时进行校正和修补。

②设计和规范规定要求顶紧的连接节点,接触面不应小于70%,且接触面最大间隙不应大于1mm。

③钢屋架、桁架、梁等的拱度和侧向弯曲矢高应符合要求;柱及受压杆件的垂直度和侧弯量应符合要求。

④其他钢结构,例如屋面、平台、墙架等卤件安装误差应符合有关规定。

⑤钢吊车梁或直接承受动载的钢构件,除严格按上述梁类构件质量要求外,还应满足钢吊车梁安装允许偏差的规定要求。

(3)焊接

①焊材(包括焊条、焊丝、焊剂等)应符合设计和相关规范要求,并应按其产品说明书及焊接工艺文件要求进行管理和使用。

②焊工必须经考试合格持证上岗。焊工应在考试合格资质项目范围内施焊。

③焊接焊缝应按设计和相关规范要求进行宏观和无损检验。焊缝经检验应符合相关规范要求。

(4)涂装

①涂装前钢材表面除锈应符合设计和有关规定要求。除锈的方法有手工除锈或喷砂、抛丸等机械除锈的方法。处理后钢材表面不应有焊渣、灰尘、油污和机械损伤等缺陷。

②涂装材料主要有各种漆料如防锈漆、油漆等。涂装材料(包括防火等特殊要求的)的规格质量、涂装次数和厚度等应符合要求,并不得有误涂、漏涂、脱皮和返锈等严重缺陷。